권오길 교수의

산들에도 뭇 생명이 …

— 권오길 지음

지성사

들어가며

이미 출판된 『흙에도 뭇 생명이』, 『갯벌에도 뭇 생명이』, 『강물에도 뭇 생명이』에 이어 이번에는 『산들에도 뭇 생명이』를 내게 되었다. 다음에는 '하늘', '바다'에 사는 뭇 생물과 '인간'도 시리즈로 낼 참이다. 사실 이름만 거창하지 그래봤자 그들 세계의 아주 작은 한 구석인, 빙산의 일각만을 논할 따름이지만 말이다.

먼저 무척추동물로, 흰개미 창자 속 나무 섬유소를 분해하여 흰 개미와 공생하는 단세포동물 트리코님파를 시작으로 머리가 해머를 닮은 육상 플라나리아, 모든 동식물에 기생하는 탓에 이 세상의 주인이라 불리는 선형동물, 암수한몸이면서 짝짓기를 하는 환형동물 지렁이, 필자의 전공이자 심벌인 달팽이와 높은 산의 골짜기에 사는 산골조개, 개미와 개미의 조상이라 이르는 벌, 그리고 그것들을 아우르는 나비 등등 여러 곤충이 이 책에 들어 있다.

　다음은 척추동물로, 독을 품은 두꺼비와 물두꺼비, 나무에 살아 뒷다리의 물갈퀴가 사라진 청개구리, 꼬리를 잘라주고 내빼는 도마뱀, 사람 닮은 장기臟器를 가진 돼지, 사향 탓에 죽어나는 사향노루, 앞다리가 날개로 바뀐 박쥐, 우리 곁을 떠나간 늑대, 앞가슴에 반달이 뜬 반달가슴곰 등등의 동물을 다루었다.

　또 푸나무로는 나리 중의 나리라 불리는 참나리, 우리나라 산의 주인공인 신갈나무와 참나무류 열매인 도토리, 자연의 청소부요, 숲의 요정인 버섯을 기술하였다.

　그런데 『논어』에 나오는 말 중에 사이후이死而後已란 말이 있다. "죽어야 그친다"는 뜻으로 죽을 때까지 있는 힘을 다해 노력함을 이르는 말이다. 이야말로 더덜없이 나에게 딱 들어맞는 말이다. 죽을 때까지 온축蘊蓄된 생물학 지식을 쏟아 붓고 싶다. 한마디로 줄기차게 생물학에 천착하고 눈이 멀도록 글쓰기에 참척하고 싶다는 말이다.

또한 "생전 부귀요, 사후 문장이라"는 속담이 있다. 부귀는 죽으면 그만이지만 문장은 죽은 후에도 영구히 빛난다는 말이 아니겠는가. 사실 필객으로 글을 남겨 이름을 떨치겠다는 마음은 누구나 바라는 바일 것이다. 그걸 떠나서 나름대로 글쓰기를 참 잘했다고 여긴다. 퇴임 후에 이 일을 하지 않았다면 쇠털 같은 시간을 어찌 보낼 뻔했나 생각하니 더욱 그렇다. 아무튼 밥만 먹으면 글 감옥과 다름없는 글방에 나와 온종일 글과 씨름하는 재미로 산다. 그러나 이제 나이를 먹을 대로 먹어 글쓰기도 접어야 할 때가 코앞에 다다랐음을 느끼기에 괜스레 불안하고 초조하다. 고 최인호 작가가 말했듯 나도 원고지 위에 엎어져 죽으면 좋으련만…….

한때 '원숭이도 술술 읽을 수 있는 쉬운 글'을 쓰겠다고 다짐하고 약속한 적이 있었다. 가능한 그 정신을 살리느라 늘 애썼지만 생물 수필이라는 특성상 조금 어렵게 느껴지는 구석도 있을 터다. 그러나 '글쓰기는 요리하는 노릇이요, 글 읽기는 먹는 짓'이라 했듯이 음식은 꿀꺽꿀꺽 삼켜버리는 것보다 꼭꼭 씹어 먹어야 제맛이 난다. 아무튼 스무 해 넘게 외곬으로 50여 권의 생물 수필 책을 썼다고 하여 나에게 '제1세대 과학 전도사'란 별칭을 붙여준 독자들이 참 고맙다.

차례

들어가며

원생생물도 공생을 하더구나

단세포생물인 원생동물原生動物을 영어로 protozoa(단수로는 protozoon)라 하는데 여기서 proto는 '처음', zoon은 '동물'이란 뜻이다. zoo는 '동물원'을 뜻하지 않는가. 그런가 하면 다세포생물인 후생동물을 metazoa라 하는데 meta는 '뒤'란 의미이다. 이 책에도 영어가 수시로 나온다. 알고 보면 과학의 원뿌리가 하나같이 서양에 있어서 그런 것이며, '原生動物'이란 어휘 또한 일본 학자들이 protozoa를 번역한 것을 고스란히 그냥 받아쓴 것이다. 그래서 영어의 뜻을 챙기는 것이고, 그래야 정확한 의미를 알 수 있는 것. 모양새가 안 좋아 보이지만 어쩌겠는가. 생물뿐만 아니라 다른 과학 영역도 몽땅 피장파장이다. 과학문화도 고농도에서 저농도 쪽으로 확산하는 탓이다!

원생생물은 핵이 또렷이 있는 진핵생물로, 동물과 비슷한 행동을 하는 것을 protist라 하며 식물과 유사하면 protophyta라 한다. 턱없이 작아서 현미경으로 봐야 보이는 것(10~52마이크로미터)이 대부분이지만 1밀리미터(1000마이크로미터)나 되는 것도 더러 있다. 사는 터전은 물이나 땅을 비롯한 동식물의 체내 등으로 도처에 북적거린다. 현미경적인 섬모纖毛와 편모鞭毛, 발 모양의 허족虛足으로 나대며, 아메바 같은 것은 세포막을 통해 영양분을 섭취하지만, 짚신벌레는 작은 '세포 입'으로 먹이를 얻기도 한다. 어느 것이나 고등동물의 위장이라 할 수 있는 식포食胞에서 세포 내 소화를 한다.

미시의 세계에서도 먹고 먹힘이 없을 수 없는 것. 원생생물은 생태계의 먹이사슬이나 미생물의 생체량 조절에 매우 중요하다. 또 누가 뭐래도 원생동물이나 사람이나 다 힘들게 사는 이유는 종족 보존, 즉 번식에 있는 것이 아닌가. 이들은 주로 무성생식인 이분법으로 개체 수를 늘려나가지만 두 개체가 서로 소핵을 교환하는, 접합이라는 유성생식도 한다.

+ 트리코님파 없이 못 사는 흰개미, 흰개미 덕에 사는 트리코님파

드넓은 세상을 깊숙이 들여다보면 생물들은 죄다 서로 돕지 않고 사는 것이 없다. 나쁜 놈 기생충이라 하지만 그 또한 먹고 먹히는 먹이그물의 한 코를 담당한다는 점에서 꼭 필요한 존재이다. 늘 말하지만 '어머니' 자연께서는 불필요한 것은 만들지 않는다! 말썽꾸러기 흰개미와 원생동물의 한 종류인 편모충 트리코님파*Trichonympha* spp.가 공생을 하니, 흰개미는 트리코님파에 삶터를 제공하고, 트리코님파는 고래 심줄 같은 섬유소를 분해하여 흰개미에게 양분을 제공하며 함께 산다는 이야기이다. 앞에서 *Trichonympha* spp.라는 난해한 말이 있다. *Trichonympha*는 속명인 것을 알겠는데 spp.라는 것이 애매하고 고약하다. 종명을 모를 때는 species의 약자 sp.를 써서 *Trichonympha* sp.라고 쓰며, 종명을 모르는 것이 여럿일 때는 sp.의 복수형인 spp.를 쓴다.

먼저 흰개미는 어떤 동물인가 살펴보자. 얼핏 보면 개미를 닮았다. 이것들은 나뭇가지에 매단 집에서 살기도 하지만, 주로 땅밑에 살아서 빛을 받지 못해 몸의 검은색·갈색 색소가 사라지고 하얀색을 띤다. 그래서 '흰개미'라 한다. 그들은 대부분 부패중인 식물, 나무, 잎사귀와 흙, 동물의 배설물 등의 유기물 조각을 먹는 잔사식생물殘渣食生物이며, 헤아리기조차 어려운 2600여종이 세계적으로 널려 있고, 개중에서 10퍼센트 정도가 건물이나 곡식, 숲에 해를 입힌다고 한다. 그리고 짓궂게도 개미의 한 무리가 그렇듯이 흰개미 중에도 균류(버섯)를 키우는 놈이 있다.

균류는 흰개미의 똥을 먹고 자라며, 흰개미가 먹은 버섯 포자는 창자에서 소화되지 않고 똥으로 나가 천지 사방으로 퍼진다. 그리고 흰개미는 목조건물의 나무를 갉아 먹기 때문에 해충으로 여기지만, 버섯이 그렇듯 썩은 나무나 식물을 먹어 분해하여 자연으로 돌려준다는 점에서는 생태적으로 중요한 자리를 차지한다. 역시 우리 '어머니 지구'는 필요 없는 생물은 만들지 않는다!

흰개미는 절지동물의 등시목에 속하는 흰개미과의 곤충이며, 이름과는 달리 개미, 벌, 말벌 같은 막시류와 전혀 다르게 목재를 먹는 바퀴벌레나 사마귀(버마재비)와 더 가깝다. 화석에서 발견된 것에서도 그럴뿐더러 근래 와서 DNA 분석을 해본 결과도 다르지 않더라고 한다. 그리고 개미와 비슷하게 생겼지만 개미에 비해 촉각(더듬이)이 곧고 허리가 잘록하지 않으며 체색이 흰 것 또한 서로 다른 점이다. 그럼에도 개미처럼 사회생활을 하고, 사는 터전이 개미와 아주 비슷하며, 똑같이 군집 생활을 하여서 여왕과 왕이, 수백만 마리의 유충, 일개미, 병정개미가 한 굴에 산다. 여왕과 왕을 제외하고는 모두 몸이 투명하며, 일개미는 하얀색이나 병정개미는 주황색이다. 남·북위 50도 사이에 가장 많이 서식하고, 특히 열대 밀림에 제일 다양하게 분포한다.

하잘것없는 흰개미의 생태인들 그리 간단하겠는가. 여왕흰개미와 왕흰개미를 생식충 또는 제1차 생식충이라 하는데 이들 말고도 '예비군'으로 존재하는 2차, 3차 부생식충 계급이 있다. 이 2차, 3차 유충은 생식이 가능한 개미들로 여왕과 왕이 죽었을 때를 대비한 예비 생식충이며, 날개는 짧고 눈도 퇴화했다. 1차 생식충이 죽고 나면 서둘러 여러 마리의 2차 생식충이 1차 생식충으로 바뀐다. 그리고 날개가 있는 어린 유시충 단계에서는 여왕과 왕을 구분할 수 없으나, 여왕의 배는 산란을 시작하면서 점점 커지기 때문에 나중에 가서 구별이 가능하다. 또 여왕은 일개미와 별로 다르지 않지만 난소를 여럿 가져서 복부가 특출나게 불룩하다. 처음에는 얼마 크지 않으나 교미를 한 뒤에는 몇 배로 늘어나 스스로 움직이지 못하기에 일개미들의 도움을 받아 자리를 옮긴다. 말해서 '알 낳는 기계'가 되어버리고 만다.

여왕흰개미의 수명이 100년인 것도 있는데 하루에 보통 2000개의 알을 낳으니, 일생 동안 낳은 산란 수가 천문학적으로 무려 50억 개에 달한다고 한다. 30년밖에 못 사는 백수의 왕 사자와 만물의 대장인 인간의 평균수명까지도 능가하는 여왕흰개미! 거대한 탑(둥지)에 살고 있으면서 수만 마리가 넘는 대가족에 군림하는 여왕은 몸의 길이가 고작 10센티미터이다. 자기보다 더 작은 부군과 함께 왕실의 모퉁이에 머무르고, 항상 시녀들이 양껏 먹여주며 떠받쳐 돌봐주기에 오직 산란에만 전념한다. 부군과 시녀들은 순차적으로 세대교체가 일어나지만 여왕은 오래오래 살아 목숨이 붙어 있는 한 알 낳기를 계속한다. 이들은 불완전변태(안갖춘탈바꿈)를 하기에 알에서 깨어난 어미 닮은 어린 유충은 자라서 곧장 성충이 된다.

이들의 별의별 작전에 혀가 내둘리고 얼이 빠질 지경이다. 천적인 개미가 가까이 온 것을 느끼면 병정 흰개미가 부리나케 달려가 머리를 쾅쾅 때려 다른 친구들을 불러 모은다. 그러고는 주먹다짐을 할 듯이 실컷 위세 부리고, 풍전등화의 위기라 여겨지면 끝내 머리와 배 사이의 목 근방에 있는 큰 독샘을 서슴지 않고 빵! 터뜨려 누렇고 끈적끈적한 액을 나오게 하니, 그것이 굳으면서 뒤죽박죽 개미를 칭칭 얽어매버린다. 이 개미 놈들아, 이래도 줄행랑을 치지 않을 텐가. 이는 무시무시한 일종의 자살행위autothysis이다. autothysis란 선뜻 살갗을 부수거나 터뜨려 내장을 쏟아내는 자해행위를 말하는데, 개미의 일종인 왕개미 *Camponotus saundersi*가 큰 샘(腺) 주변의 근육을 세차게 수축하여 독액을 쏟아 적을 내치는 것도 한 예이다. 이는 죽어서도 기필코 친구와 집단을 보호하겠다는 일종의 이타행위이다. 말해서 이타애利他愛인 것.

흰개미는 보통 말랑말랑한 흙과 진흙, 꼭꼭 씹은 목재 성분(섬유소)을 침이나 똥과 섞어 집을 짓는다. 집은 새끼를 키우는 방이며, 종족을 보호하는 공간일뿐더러 수증기를 응결시켜 물을 얻는 곳인데, 밀폐되다시피 한 굴이기에 그 안의 습도는 99~100 퍼센트로 축축하기 그지없다. 더군다나 앞에서도 말했지만 어떤 종은 이곳을 버섯을 키우는 곳으로 쓰기도 한다. 굉장히 미로 같은 길이 실핏줄처럼 얽혀 있어서 환기가 잘 되고, 이산화탄소와 산소의 균형도 자동으로 맞춰진다.

흰개미의 건축술은 만만치 않아 무척 교묘하고 정교하다! 보통 흰개미는 땅 밑이나 쓰러진 커다란 나무둥치 속에 집을 짓지만 땅 위에다 야트막한 흙더미인 지상의 집도 지으니, 그것이 유명한 '개미 언덕'이다. 열대 사바나 지역의 것은 보통 높이가 2~3미터이지만, 아프리카 및 오스트레일리아에는 9미터가 넘는 큰 집채만 한 것도 있다 한다. 집은 대부분 돔 형태이거나 원추형이지만 바위, 막대, 버섯 모양 등 꽤나 다양하다. 종에 따라 그것의 크기나 꼴이 달라서 집만 보면 나름대로 흰개미의 종류를 알 수 있다. 흙더미 집의 내부 구조는 아주 복잡하여서 더운 공기가 안 기둥을 타고 올라간다. 또 버섯을 기르고 새끼를 키우는 방은 온종일 온도 변화가 1도 안팎이라 하니, 에어컨이나 온풍기가 필요 없는 근사한 집! 기가 막힌다! 넓은 들판 여기저기에 지름이 1~3미터에 달하는 번듯한 흙더미 집들이 촘촘히 늘어서 있으니 희한스럽고 말 그대로 일대 장관이다!

또 녀석들은 소처럼 대기 중에 메탄가스의 농도를 높인다고 하고, 아프리카나 아시아 지역에서는 농업에 큰 해를 끼친다고 한다. 하지만 길고 긴 우기에는 흙 속의 흰개미 굴이 넓은 들판의 논처럼 많은 양의 물을 담아서, 가뭄이 들고 홍수가 이는 것을 막아준다. 땅 위에 집을 짓는 종들은 물이 부족하기 쉬우니 그때는 지하수를 이용하는데, 아무리 깊어도 파고들어 물을 얻어낸다. 흰개미는 신통방통하게도 처음부터 지하 샘 위에다 집을 지었고, 하여 고대 힌두족들은 이들 집 근처에서 물을 얻어 한발을 이겨냈다고 한다. 사막이 아름다운 것은 어딘가에 생명수가 숨어 있기 때문이라 했던가.

우리나라에는 흰개미*Reticulitermes speratus*와 집흰개미 *Coptotermes formosanus* 2종이 서식한다고 한다. 일본흰개미라고도 부르는 흰개미는 죽어라 막힌 길을 뚫고 잘린 길 이어가며 기어이 전국으로 퍼져나가 온 사방에 자리 잡았으며, 집흰개미는 우리나라 남부 지역에 극히 드물게 자리 잡았다. 가장 쉽게 채집할 수 있는 곳은 고목의 그루터기로, 조심스럽게 겉을 걷어내고 파고들면 흰개미가 우글거린다. 한때 목조건물인 해인사 절의 기둥이나 서까래를 싹싹 파먹어 골치를 썩인 적이 있던 놈들이다. 흰개미는 일단 건물에 침입하면 목재뿐만 아니라 종이, 옷가지, 카펫 따위의 섬유 성분인 것들을 마구 먹어치운다. 그래서 건물을 지을 때 지반의 흙에다 살충제를 듬뿍 넣기도 하고, 독물이 든 파이프, 흰개미가 먹지 못하는 목재를 개발하였다고도 한다. 흰개미가 이미 건물에 침입했을 적에는 무엇보다 살충제를 굴에 뿜어 넣었지만, 요새 와서는 환경에 영향을 덜 끼치는 성장 억제 호르몬인 트리플루뮤론trifumuron이나 피프로닐fipronil 같은 가루를 굴에 불어 넣는다고 한다.

다음은 흰개미의 창자 속에 사는 원생동물인 트리코님파trichonympha 차례이다. 트리코님파는 흰개미 무리에 공생하는 공생체이며, trichonympha의 tricho는 '털', nympha는 '아름다운 여인과 소녀'를 뜻한다. 흰개미를 잡아 해부현미경에서는 0.6퍼센트의 식염수를 떨어뜨린 받침유리에 얹은 뒤 배를 가르고 창자를 떼어낸다. 그 다음 광학현미경에서는 창자를 꾹 눌러 트리코님파가 든 액과 식염수를 섞고 덮개유리를 덮은 후 고배율로 관찰한다. 그러면 트리코님파를 한가득 둘러싼 채 꾸물꾸물 움직거리는 편모가 보이고, 그 앞이나 중앙에 커다란 핵이 보이며, 뒤쪽에는 작은 나무 알갱이들이 보인다.

트리코님파는 실제 크기가 약 300마이크로미터이며, 모양은 영락없이 눈물방울이나 배pear를 닮았고, 나무 부스러기나 식물 섬유를 푸짐하게 삼켜 세포 내 소화를 한다. 그리고 나무를 먹는 곤충에는 흰개미 말고도 진화상으로 유연관계가 매우 가까우면서, 역시 트리코님파가 공생하는 몇 종의 바퀴벌레가 있다고 한다. 단세포인 이 편모충은 혐기성으로, 흰개미의 후장後腸에 사는데, 미토콘드리아가 없어서 무기호흡인 해당작용解糖作用에만 의존하여 에너지를 얻는다. 사실 흰개미 창자에는 이 편모충 말고도 가늠하기조차 어려운 200여 종의 미생물이 득실거린다고 한다.

소나 염소 따위의 초식동물도 다 그렇지만 바보스러운 흰개미도 나무 섬유소(다당류)를 먹기만 하지 전연 분해를 못한다. 대신 배 속의 트리코님파가 셀룰로오스cellulose 분해 효소인 셀룰라아제cellulase를 분비하여 나무 섬유소를 셀로비오스cellobiose라는 간단한 물질(이당류)로 소화한다. 그다음 또 다른 효소인 셀로비아제cellobiase를 분비하여 더 간단한 포도당(단당류)으로 분해한다. 그러면 비로소 이 포도당을 흰개미가 얻어먹는다. 그 숙주에 그 공생생물! 이 트리코님파는 흰개미가 아닌 다른 곳에서는 절대로 살지 못하며, 이런 것을 '생물 특이성'이라 한다. 이렇게 한 생물과 다른 생물이 태어나면서부터 일찌감치 짝을 이루어 주고받으며 살아가는 모습이 마냥 아름답지 않은가! "세상에 공짜는 없다"는 말을 되새겨볼 만한 대목이다.

그런데 좀 더 깊은 이야기가 있다. 실은 흰개미뿐만 아니라 트리코님파까지도 스스로 섬유소 분해 효소를 만들지 못하고, 트리코님파 안에 공생하는 공생 세균과 세포막에 붙어 있는 스피

로헤타spirochete가 가수분해 효소를 분비하여 소화시킨다는 것이다. 겹공생이라 하면 말이 되려나? 세균이나 스피로헤타가 흰개미에 공생하는 트리코님파에 달라붙어 공생을 하니 말이다.

이제야 긴 이야기의 꼬리에 다다랐다. 나무를 먹는 곤충과 그것을 소화시키는 공생생물의 관계는 우리를 아연하게 한다. 흰개미는 트리코님파에 삶터를 주고, 트리코님파는 대신 집세(양분)를 흰개미에게 낸다. 이렇게 유독 둘은 떼려야 뗄 수가 없는 관계이다. 서로서로 끼리끼리 애써 아끼고 도우면서 살아야지, 앙앙불락快快不樂으로 지낼 까닭이 없다. 그렇지 않은가. 곤충이나 원생동물 녀석들보다 못해서야 어디에 쓰겠는가. 공생이 곧 상생인 것이니, 마땅히 늘 굳세고 야무지게 서로 거들고 도우며 살지어다!

얕보다가 큰 코 다치는 게
편형동물이다

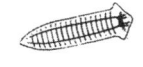

편형동물扁形動物의 개괄적인 특징을 간단히 보자. 편형동물의 '편형'이란 모양새가 넓적하고 얄팍하다는 뜻이며, 영어로는 platy(flat)한 helminthes(worm), 즉 '납작한 벌레'란 의미이다. 이들은 각각 와충류(플라나리아), 흡충류, 촌충류로 나누어지고, 사람 몸은 물론이고 강이나 바다, 뭍에 두루 산다. 플라나리아를 현미경으로 보면 몸의 섬모가 움직여 물이 소용돌이를 일으키기에 와충류라 하고, 간흡충이나 폐흡충의 '흡충(fluke)'은 빨판으로 창자에 꽉 들러붙어 양분을 빤다고 해서 붙인 이름인데, 지금까지 '빨판(stoma)'이 둘(di)이란 뜻에서 '디스토마distoma'라 불렸다. 'fluke'은 미국식이고 distoma는 독일식으로, 많은 과학 어휘가 유럽식에서 농도가 훨씬 짙어진 미국식으로 쓰이는 추세이다.

비루스Virus를 바이러스, 알레르기Allergy를 알러지, 링겔Ringer을 링거, 미토콘드리아mitochodria를 마이토콘드리아로 읽는 것도 그런 탓이다. 과학 용어도 유행을 타서 시대에 따라 바뀐다! 용렬한 과학 나부랭이까지도 국력에 비례하더라!

편형동물은 좌우대칭으로, 입은 있지만 항문이 없어서 배설 찌꺼기를 다시 입으로 토해내며 신경계는 사다리신경계이다. 몸은 커다란 이파리 모양으로 등과 배가 눌려 납작하고 아주 부드러우며 현미경적인 섬모가 많고, 소화관은 2가지로 갈래를 지우는 것이 큰 특징이다. 그리고 넓은 의미로 'planarian'이란 단어를 쓰고, 'planaria'는 좁은 의미로 플라나리아과의 한 속genus에만 쓴다.

또한 편형동물은 배설기관인 원신관 끝에 '불꽃 세포'가 있어서 배설물을 거를 수가 있는데, 불꽃 세포는 현미경적으로 할랑거리는 편모들의 움직임이 불꽃을 닮았다고 해서 붙인 이름이다. 난소와 정소를 모두 한 몸에 가지고 있는 자웅동체이지만, 짝짓기를 하여 정자를 서로 바꾸고, 수정란은 캡슐에 넣어 낳으니 잘 알다시피 근친교배를 피하자는 작전인 것! 또 플라나리아는 재생력이 남다르게 아주 왕성하다. 심지어 달랑 몸의 100분의 1인 약 1만 세포에 해당하는 작은 조각에서도 전체가 재생하여서 생물학의 재생실험에 빠지지 않는 재료이다. 근래 유전자

분석을 했더니만 약 240개의 유전자가 재생에 관여한다고 한다. 우습게도 그 유전자가 사람 유전자에서도 발견된다고 한다.

+ 해머를 똑 닮은 땅플라나리아

편형동물 중에는 땅에 사는 땅플라나리아land planarian가 있다. 그놈이 어떤 놈인가 어디 좀 보자. 땅플라나리아는 세계적으로 820여 종이나 되지만 아직도 그들의 생태, 생리, 발생 등에 대해서는 거의 알려지지 않았으며, 이제야 활발하게 연구가 시작된 분야라 한다. 그런데 물이 아닌 땅에도 그것들이 살고 있으니, 편형동물 중에서 땅플라나리아과의 검은목가래벌레Bipalium kewense가 총중에 이름을 떨치는 종이다. 여태 깊숙이 연구되지 않았지만 이들은 토양 생태계에서 중요한 몫을 차지한다고 한다. 필자가 달팽이 채집을 다닐 때도 심심찮게 이것들을 만났지. 땅플라나리아는 길쭉하고 촉촉하면서 기름기가 반질거리는 것이 산자락의 돌 밑이나 낙엽, 쓰러진 나뭇등걸 아래 축축한 곳에 똬리를 틀었다가 부랴부랴 스르르 기어 도망가는 터라, 그 역한 모습에 뱀을 만난 듯 징그럽고 소름 끼친다. 원래는 동남아시아 원산인데 시나브로 퍼지게 되었다고 한다. 땅에 사는지라 스스로 바다를 건너갈 수는 없는 일, 정작 사람들이 관상용으로 큰 화분을 사고팖으로써 전 세계적으로 퍼져나갔다고 한다.

안점眼點은 둘이고, 머리가 초승달 꼴이거나 해머를 닮았다 하여 'hammerhead', 화살촉을 닮았다 하여 'arrowhead flat worm'이라고도 부른다. 플라나리아에 비해 매무새가 우스꽝스럽기 짝이 없으나 다른 각도로 보면 귀티 나는 것이 늘씬하게 생겼다. 몸의 너비는 7~13밀리미터쯤 되고, 길이는 큰 놈은 무려 25센티미터로, 징그러울 정도로 몸이 좁고 길쭉하다. 주로 지렁이나 달팽이, 민달팽이, 곤충, 거미, 흰개미 따위를 잡아먹는 우악스러운 육식성 동물이다.

야행성으로 몸은 아주 물렁물렁하고, 안점이 있지만 실제로 눈의 역할은 하지 못한다. 체색은 회색이거나 황갈색인 것이 많고, 머리부터 꼬리까지 2줄의 등줄무늬가 길게 흐르듯 나 있다. 바닥에 미끈한 점액을 된통 많이 분비하여 민달팽이처럼 미끄러지듯 사뿐히 슬금슬금 기어 다니고, 모든 생물이 다 그렇듯 몸에 분비한 점액으로 다른 병균의 침입을 억제한다.

녀석들은 머리 부위의 아주 예민한 감각기관으로 먹이를 찾는데, 일종의 화학 레이더라 하겠다. 일례로 달팽이나 민달팽이가 기어간 자리에 하얀 즙액이 즐비하게 남으니, 굳이 그 냄새를 맡고 따라가 잡아먹는다. 그리고 체내의 수분 조절 기능이 떨어지기에 환경요인 중에서도 습도에 아주 민감하다. 어쨌거나 이놈들 때문에 사람과 식물이 해를 입는 일은 없다고 한다.

이놈들의 거동 좀 보소. 느닷없이 꼬리 뒷부분을 땅에 달라붙이고 잔뜩 몸부림치면서 앞을 끌어당겨 몸마디를 툭 자른다. 10일 후면 이 잘린 몸마디에서 새 눈이 생긴다. 땅플라나리아는 이렇게 몸을 둘로 잘라 개체 수를 늘려가는 무성생식을 하기도 하지만 알을 낳기도 한다. 자웅동체이면서 정자를 바꿔 수정하고, 수정란은 고치로 둘러싼다. 그 알은 처음에 붉은색이지만 24시간 후에는 검은색으로 바뀌며 21일 후에 서둘러 부화한다.

그리고 땅플라나리아는 외딴 산자락에만 사는 것이 아니라 집의 정원과 큰 화분에도 흔하게 살고 있으며, 이들의 주식은 뭐니 뭐니 해도 지렁이다. 제보다 훨씬 큰 지렁이를 꿈쩍 않고 눈독들이고 있다가 이때다 싶으면 서슴없이 틀어잡고 내처 짓누른다. 그러면 주둥이에서 유별나게 발달한 인두咽頭를 부랴부랴 끄집어내어 서슴없이 지렁이 몸에 찔러 꽂고 소화액을 쏟아내어 녹인 다음 즙액을 들이켜서 허기진 배를 채운다. 꼼짝 못 하고 당한 지렁이, 이렇게 생명줄 하나가 끊어진다. 허덕허덕 잔뜩 먹고 배를 두드린다는 함포고복含哺鼓腹이란 말은 이런 때 쓰는 것이리라! 이렇게 몽땅 지렁이 씨를 말려 토양 생태계를 망가뜨려 놓아 토양의 성질과 비옥도를 떨어뜨리기 십상이다. 가끔씩 먹 잇감이 부족하면 뻔뻔스럽게 서로 잡아먹는 동족살생도 비일비재하며, 그렇게 하여 간신히 개체 수를 조절하기도 한다.

*Platydemus manokwari*라는 종이 태평양의 한 섬에서 토속 종인 달팽이를 다 잡아먹어 환경에 큰 영향을 끼친다고 한다. 그런가 하면 하와이나 괌 등지에서는 왕달팽이*Achatina fulica*가 자연 생태계에서 도망 나와 다른 생태계를 해코지하고 어지럽히기에 왕달팽이를 잡아 죽이는 생물학적 방제용으로 본 종을 쓰기도 한다고 한다. 왕달팽이는 아프리카 원산이지만 식용으로 들여와 우리나라뿐만 아니라 여러 나라에서도 키우는데, 대수롭지 않게 여긴 그것들이 가두리를 벗어나 자연 생태계를 망가뜨리는 수가 더러 있다는 말이다.

오래전에 일본 오키나와에서도 그런 일이 있었다는데, 실제로 필자도 몇 해 전 오키나와에 갔을 적에 수두룩한 놈들이 온 사방을 얼쩡거리고 서성거리는 것을 본 적이 있다. 다행히 우리나라에서 키우는 식용 왕달팽이가 사육장을 뛰쳐나왔다 쳐도 사계절이 거의 없는 더운 오키나와 등지와는 달리 혹독하게 찬 겨울을 견뎌내지 못하기에 자연환경에 아무런 영향을 끼치지 못한다. 천만다행이다! 이런저런 사정을 고려하지 않고 외국 것을 들여오다가는 험한 일을 당하는 수가 있으니 늘 신중해야 한다.

이승은 선충들의 세상이로다

1962년 대학교 3학년 때 일이 새삼스럽게 떠오른다. 나도 대학생일 때가 있었다니 도무지 믿기질 않지만, 그립기만 한 그때 그 시절의 걸쭉한 옛 이야깃거리가 가끔씩 불쑥불쑥 태동하는 수가 있지. 동물분류학 시간으로 선형동물線形動物을 공부할 차례였네! 2002년에 작고하신 최기철 선생님의 그 시절 강의는 대학 내에서 이름났으니……. 느슨하게 팔짱을 끼고 차근차근 전개해 나가시는 수업은 비할 데 없이 아주 훌륭한 절품이었지. "그 선생에 그 제자"요, "범 스승 밑에 개 제자 안 나온다"란 말이 있다고 은근 슬쩍 말해놓고…….

"바야흐로 다른 별에 사는 우주인들이 지구에 왔다. 그때 이미 지구의 생물은 모두 사라져버리고 오직 선형동물만 살아남았다고 치자. 우주인들은 바로 이 뒤숭숭한 강의실에 들어와 두리번두리번 살펴볼 것이다. 내가 서 있는 자리와 너희들이 앉아 있는 자리에 선충들이 우글거리고 있으니(그땐 다들 회충이나 요충, 편충, 십이지장충 같은 선형동물 한 가지에 걸려 여리고 파리했음), 아! 여기에 교수가 있었군! 그리고 학생 몇 명이 어디에서 강의를 들었는지도 가늠할 수가 있을 것이다. 또한 선충이 빌붙어 살지 않는 동식물은 없으니, 교정의 어느 자리에 어느 나무가 서 있었는지도 알아낼 것이다. 일언지하에 이승은 선충들의 세상이다!"라고 일갈하셨던 말씀이 아직도 생생하다. 특히 흙은 선충들의 별천지로, 그들은 토양세균을 잡아먹고 산다.

얼마나 멋있는 비유였던지 고개가 저절로 끄덕여졌지. 이윽고 선생이 된 다음에 선생님의 말씀을 제자들에게 하나도 빠뜨리지 않고 고대로 생생하게 주~욱 전해왔다. 아무튼 이 세상은 사람의 것도, 곤충의 차지도 아니요, 너희 선충들의 세상이다! 사설師說을 논하다 보니 사설私說이 길었다. 딱딱하기 쉬운 생물 이야기보다 가끔은 사담私談이 더 재미나는 수도 있으니…….

+ 천생연분이 따로 없는 소나무재선충과 솔수염하늘소

선형동물 재선충의 일종인 '소나무재선충' 이야기이다. 혹자는 소나무를 국수國樹라 부른다. '애국가'의 소나무가 아닌가. 아닌 밤중에 홍두깨란 말이 있듯이 우리나라는 1988년 부산 금정산 소나무 숲에서 느닷없이 소나무재선충이 처음 나타났다. 소나무재선충의 원산지는 미국의 루이지애나 주라고 한다. 그런데 소나무재선충*Bursaphelenchus xylophilus*이 부산 금정산에서 처음 나타난 까닭이 흥미롭다. 지금은 없어지고 말았다지만 부산의 금정 동물원에 일본원숭이를 들여오면서 울타리도 함께 들여왔는데 바로 소나무재선충에 감염된 소나무였던 것. 오랫동안 우리나라 남부에 머물던 재선충이 기어이 전국으로 퍼져나갔으니 당할 재간이 없었고, 허둥대던 방역당국은 아연실색했다.

전국적으로 많은 피해를 남긴 뒤에야 지금은 언제 그랬냐는 듯 좀 잠잠해졌다. 일본은 이미 1905년경에 일찌감치 이 역병이 송림松林을 온통 할퀴고 지나갔고, 지금은 북해도를 제외하고는 소나무 숲이 거의 사라지다시피 하였다. 간신히 살아남은 소나무들은 집중 관리를 받고 있다고 한다. 소나무재선충은 미국, 한국, 중국, 일본, 타이완, 러시아, 베트남, 호주, 포르투갈 등지에 분포한다.

'재선충'이란 말은 '나무에 기생하는 선충'이란 뜻이며, 분류학상으로 선형동물문에 속한다. 소나무재선충을 흔히 소나무 에이즈라고 하는데 이 병은 방제가 힘들어 한번 걸렸다 하면 소나무 치사율이 거의 100퍼센트에 달하는 강력한 전염성을 가졌다.

한때 기승을 부렸던 이것들이 황소개구리가 그러했듯 처음에는 천적이 없어 생태계에 큰 해를 입혔으나 차차 목숨앗이가 생겨나면서 머뭇머뭇 일진일퇴를 거듭했다. 이후 우리나라는 소나무재선충을 이겨내고 시나브로 안정된 생태계의 균형을 이루게 되었다. 영 잦아들 기미가 보이지 않았으나 기특하게도 평정을 되찾은 것이다.

소나무재선충은 솔수염하늘소Monochamus alternatus를 통해 전염된다. 솔수염하늘소와 소나무재선충은 짝짜꿍으로, 솔수염하늘소가 소나무재선충을 옮기는 매개체이다. 먼저 소나무재선충의 숙주인 솔수염하늘소 이야기이다.

솔수염하늘소는 딱정벌레목 하늘소과에 딸린 곤충으로, 기생하는 기주식물寄主植物은 소나무, 곰솔, 전나무, 잣나무, 삼나무, 가문비나무 등 20종이 넘으며 그중 피해를 가장 톡톡히 입는 것이 소나무라 한다. 몸길이는 2~3센티미터로 전체적으로 적갈색이고, 날개에는 흰색, 황갈색, 암갈색 따위의 작은 무늬가 불규칙하게 나 있다. 수컷 더듬이의 길이는 체장의 2.5~3배, 암컷 더듬이는 1.5배 정도로 차이가 난다.

날씬하고 날렵한 솔수염하늘소는 번데기 시기가 있는 갖춘탈바꿈(완전변태)을 한다. 성충은 보통 산 소나무 줄기를 먹지만 6~9월에는 죽었거나 죽어가는 소나무 무리의 수피樹皮를 물어뜯어 상처를 내며, 거기에 산란관을 꽂아 3.5밀리미터 정도의 난형인 알 100여 개를 낳는다. 애벌레의 몸길이는 40밀리미터 안팎으로, 한두 달간 수피의 형성층(부름켜)을 갉아 먹으면서 꼬박 4번을 탈피한다. 그리고 나중에 목질 속으로 들어가 번데기가 되며 거기서 월동한다. 번데기는 이듬해 5~7월 하순에 껍질을 벗고 날개를 단 채로 나무에 구멍을 뚫고 나온다. 그런데 솔수염하늘소는 살아 있는 소나무에서는 절대로 산란하지 않으며, 산란하라고 소나무를 죽이는 것이 바로 소나무재선충이다.

꾀보 소나무재선충은 솔수염하늘소가 번데기에서 성충으로 바뀌는 우화(날개돋이) 때 어느 결에 벌써 솔수염하늘소의 배의 기문氣門으로 기어들어 다른 나무로 이동한다. 소나무재선충은 솔수염하늘소가 살아 있는 소나무를 갉아 먹을 때 생기는 나무의 상처 부위를 통해 소나무 줄기 안으로 들어간다.

소나무재선충의 암컷은 0.7~1.0밀리미터이고, 수컷은 암놈보다 조금 작아서 0.6~0.8밀리미터 정도이다. 알에서 부화한 유충은 겨울을 나고 이듬해 봄에 3번 탈피한 후 어른벌레가 된다고 한다. 약 10도 이하에서는 발육이 정지한다고 하니 동절기에는 활동하지 않는다.

솔수염하늘소처럼 구멍을 뚫는 곤충을 천공성해충穿孔性害蟲이라 하며, 소나무재선충을 없애기 위해서는 선충을 옮기는 솔수염하늘소를 방제함이 옳다. 다시 말하면 하늘소가 소나무를 갉아 먹을 때 재선충이 재빨리 소나무로 옮겨가 처음에는 송진관(관다발)의 상피를 먹으니 이때를 '초식성 단계'라 하고, 조금 지나 점차 그 자리에 세균의 일종인 사상균이 잔뜩 번식하면 연신 그것을 먹고 사는 '균식성 단계'로 접어든다. 여러 번 강조해야 할 것은 재선충은 소나무 자체를 먹고 살지 않고 세균을 먹고 사는 균식성이라는 점이다. 이때 선충이 관다발을 틀어막아 물과 양분의 흐름이 멈추면 30일 후에는 나뭇잎이 붉은색으로 변색하면서 발갛게 타 죽는다. 이를 적고현상赤枯現象이라 하니, 그 모습은 목불인견目不忍見, 눈 뜨고 차마 볼 수가 없도다.

간추려 말하면 솔수염하늘소가 싱싱한 소나무 줄기를 먹느라 상처를 내고, 그 구멍으로 소나무재선충이 들어가서 물길과 양분 길(체관)을 틀어막아 소나무를 죽이고, 죽은 소나무 안에 솔수염하늘소가 산란을 한다. 솔수염하늘소는 소나무재선충을 옮겨주고, 소나무재선충이 죽인 소나무 안에서 번데기가 되어 월동을 하고……. 서로 돕고 사는 기막힌 공생이라 하겠다. 우리는 죽일 놈으로 눈에 쌍불을 켜지만, 저것들은 어쩌면 천상배필로 저렇게 짝을 지워 그 긴긴 세월을 무탈하게 함께 지내왔단 말인가! 멋진 공진화共進化가 아니고 뭐란 말인가!

그런데 소나무재선충이 들어 있는 나무를 솔수염하늘소 대신 사람이 고스란히 옮겨주니 그 속도는 들불 타듯 빠르게 번진다. 일본에서 부산 금정 동물원까지 옮겨온 것도 사람의 짓이었단 말이다! 병든 나무는 기다릴 겨를 없이 서둘러 자르고 켜서 불태우는 것이 상수 중의 상수이다.

지렁이 놈은 기어 다니는
천연 흙 공장일세

흙은 영어로 earth나 soil인데, 정관사 없이 쓰는 earth는 하늘에 반해서 땅이란 말이니 곧 흙이고, 정관사를 붙인 The Earth는 지구이다. 진흙은 mud라 하고 찰흙은 clay라고 하며, soil에는 흙의 질을 말하는 토양이란 뜻이 있다. 흙의 다른 말은 땅, 대지, 토양土壤이다. 토양의 '토土'는 지평선 위에 풀과 나무가 자라고 있는 상태를 표현한 상형문자이며, '양壤'은 덩어리로 되지 않은 부드러운 흙을 말한다. 영어 soil은 고대 프랑스어와 라틴어의 solum이란 단어에서 유래된 것으로 바닥 또는 지면의 뜻을 지니고 있다고 한다. 이러한 바닥이나 지면에 해당하는 것이 곧 암석이 풍화된 상층 부분의 흙이다. 흙은, 사람은 말할 필요도 없이 여러 동식물이 살아가는 생활 터전이며, 이들이 생명을 유지하는 데 필요한 물과 양분을 저장하고 공급하는 일을 한다. 두 말하면 잔소리다.

　그런데 건강한 흙이라야 식물이 잘 자라게 도와주고 물과 공기의 질을 도맡아 보호한다. 하여 동물과 사람의 건강을 보장한다. 흙의 생리적 구조와 화학적 구성, 그리고 그 속에 살고 있는 토양 생물들이 이런 흙의 성질을 결정한다. 흙은 생산자, 즉 녹색식물을 키우기에 흙을 먹지 않고 사는 생물은 어디에도 없나니……. 우리도 흙을 먹고 살기에 흙이 건강하여야 사람이 건강할 수 있다. 또한 흙에서 태어난 생물치고 다시 그리로 돌아가지 않는 것이 없도다! 흙에서 와 흙으로 되돌아가니 곧 회향이다.

　다음은 '작토作土'라고도 하는 표토表土 이야기이다. 표토란 말 그대로 얕게는 5센티미터, 깊게는 20센티미터의 겉흙을 말하고 유기물과 미생물이 가장 많이 들어 있는 기름진 땅이다. 일반적으로 흙 하면 이 층層을 가리키는데, 이 층에서 식물이 뿌리를 내려 양분을 얻는다. 또 우리가 농사를 짓고 정원을 꾸미는 곳도 이 층이다. 굵은 뿌리는 그 바로 아래층인 심토心土로 뚫고 들어가며 그 아래는 암반이라 생물의 활동과는 무관하다 하겠다. 2.5센티미터의 표토가 심토에서 만들어져 나오는 데는 약 100년이 걸린다고 하며, 겉흙은 잇따라 빗물에 씻겨나가니 세계적으로 한 해에 어림잡아 250억 톤이 될 것으로 추정한다. 침식된 흙은 어디로 가는가!? 홍수가 지면 강은 온통 흙탕물이 되고, 그 강물은 흘러 또 흘러 바다로 간다. 중국에서 날아온 흙비도 한몫을 할까?

그리고 지름이 0.004밀리미터 이하인 미세한 흙 입자를 점토粘土라 하고, 입자 지름이 0.002~0.02밀리미터인 토양입자를 미사微砂라 하며, 0.02~2밀리미터 사이의 암석 조각, 광석 조각을 통틀어 모래라 한다. 0.2~2밀리미터까지의 모래를 조사粗砂, 0.02~0.2밀리미터 사이의 모래를 세사細砂라고 한다. 이런 것도 일일이 따지는 사람들이 있었구나!?

+ 세계 어디에나 사는 붉은지렁이

우리가 밭이나 화단에서 쉽게 만날 수 있고, 또 전 세계적으로 널리 사는 지렁이는 붉은지렁이 *Lumbricus terrestris* 이다. 속명 *Lumbricus*는 '둥글고 길쭉한', 종명 *terrestris*는 땅이란 뜻이다. 지렁이는 무엇보다 고리 모양의 몸마디가 지극히 많기에 환형동물環形動物에 속하며, 세계적으로 알려진 600여 종 중 120여 종이 흔한 것이고, 우리나라에는 60종가량이 알려져 있다. 지렁이는 축축한 곳을 좋아한다 하여 'dew-worm', 비가 오면 기어나온다고 'rainworm', 야행성으로 밤에 기어 다니는 놈이라고 'night crawler', 낚시 미끼로 쓴다고 'angleworm'이라 부르기도 한다. 한자어로는 구인蚯蚓, 지룡地龍이라 하는데 아마도 한자어 '지룡'에 접미사 '이'가 붙어 '지렁이'가 되지 않았나 싶다. 지렁이는 전적으로 땅속 생활을 하며, 크기는 10센티미터 안팎으로 호주의 어떤 종은 길이가 3~4미터나 된다고 한다. 반복하는 체절體節은 95~200개이고, 이들은 표토에 주로 머물러 15센티미터 아래로 내려가지 않으나 추운 겨울에는 30센티미터 깊이의 토심까지 파고든다.

이들은 머리와 꼬리의 구분이 확실치 않으나 환대環帶가 잣대가 되니 그것이 치우쳐 있는 쪽이 앞이다. 환대는 앞머리 쪽에서 14~16체절에 있으며, 약간 옅은 색을 띤 안장 모양의 고리로 굵은 점액성 띠를 분비하는 일종의 샘이다. 생식기관이기에 어릴 때는 보이지 않고 성적으로 성숙을 해야 눈에 띈다. 지렁이와 거머리 무리에 있으며 수정란을 싸는 고치주머니인 난포를 만든다.

대부분의 지렁이는 살갖을 통해 피부호흡을 하므로 피부가 곧 호흡기관이요, 습기가 있을 때는 가스 교환이 잘 이루어지기에 몸에서 늘 점액을 분비할뿐더러 축축한 곳을 좋아한다. 눈이나 귀 같은 감각기관은 없지만 진동을 느낄 수 있으며 감광세포가 몸 표면에 산재散在하고, 냄새나 맛에도 민감하여 단맛이 있는 먹이를 좋아한다고 한다. 하등동물 중에서 특이하게 실핏줄이 있는 폐쇄혈관계이며, 아래에 있는 배(腹) 혈관은 피를 뒤로,

등(背) 혈관은 앞으로 흐르게 한다. 근육성인 등 혈관은 혈액을 펌프질하는 심장 역할을 하고, 판막(날름막)이 있어서 피를 한쪽으로만 흐르게 한다. 지렁이의 피가 붉은 것은 사람과 같이 산소와 결합력이 센 헤모글로빈haemoglobin 호흡색소를 가진 탓이며, 마찬가지로 하등하지만 산소가 부족한 곳에 사는 실지렁이나 피조개도 호흡색소가 헤모글로빈이다.

지렁이 놈들의 짝짓기를 가까스로 훔쳐본다. 지렁이에게 교미기가 따로 있을 턱이 없다. 이윽고 짝꿍을 만나 난소와 정소가 들어 있는 12~13번째 체절을 서로 찰싹 달라붙이며 적어도 한 시간은 그러고 있다. 어라!? 멀찍이서 손전등을 비추어도 꿈적 않는다. 저런!? 이것들은 팔다리가 없으니 사뭇 까칠한 강모剛毛로 미끄러짐을 막고 굳은 점액으로 서로 달라붙는다. 현미경적인 강모는 각 체절 양편의 아래위 두 군데에 2개씩 나 있어 체절 하나하나에 모두 8개씩 있다.

교미는 덥고 습한 밤에 이루어진다. 자웅동체로 2쌍의 정소가 있으며, 자기가 만든 정자를 저장하거나 분비하는 2~4쌍의 저정낭貯精囊을 갖고 있다. 정소에서 나온 정자는 두 개의 작은 정자 홈을 타고 상대의 생식 구멍으로 들어간다. 제13체절에 난소가 있고, 14체절에는 난자를 내보내는 생식공生殖孔이 있으며, 상대방에게 받은 정자를 저장하는 주머니도 1~2쌍이 있다. 급기야 난자와 정자가 수정하면 환대에서 점액성 관을 분비하는데, 그것이 스르르 수정란을 감싸면서 입 끝으로 미끄러져 내려가 난포를 만든 다음 이것을 땅에 파묻는다. 6밀리미터 정도 되는 난포에는 5~16개의 수정란이 들었지만 그중에서 기껏 하나만 살아남아 유생이 된다고 한다. 알은 2~3주 만에 부화하고, 약 10주에서 길게는 1년에 걸쳐 어른 지렁이가 된다. 여러 해 사는 수도 있지만 보통 1~2년 산다고 한다. 그리고 대부분의 지렁이는 미수정란이 발생하는 처녀생식處女生殖도 하며, 재생하는 힘이 꽤나 세어서 토막 난 것에서 새로운 개체가 생길 수도 있다.

지렁이는 첫 3개의 체절과 마지막 체절을 제외한 각각의 체절에 있는 신관腎管에서 배설(삼투압 조절)하고, 부패 중인 잎이나 유기물을 먹지만 식토성食土性이라 유기물질이 많이 포함되어 있는 토양도 먹는다. 땅 위의 낙엽이나 배설물 따위를 흙 속으로 끌어들여 소화시키고 똥을 누어 부엽토를 만든다. 인두의 근육으로 먹이를 잡아당겨 식도로 내려 보내고, 이를 식도의 연동운동蠕動運動으로 모이주머니에 저장하는데, 이 모이주머니는 한껏 부풀고 늘어날 수 있다. 잇따라 먹이를 모래주머니로 내려 보내 거기서 모래와 근육운동으로 휘젓고 부순 다음 소장에서 소화시킨다. 아마도 큰 화분에서 보면 전날에 없었던 자잘하고 거뭇한, 잘게 씹어뱉은 듯한 흙 알갱이가 불쑥 솟아 쌓여 있는 것을 볼 수 있을 것이니, 그것이 다름 아닌 고급 난蘭의 거름으로도 쓰이는 지렁이 똥이다.

지렁이가 몸을 늘였다 오그렸다 하면서 꼼지락거리는 것을 "벌레가 꿈틀거리는 것을 닮았다(蠕動)" 하여 연동운동(꿈틀운동)이라 한다. 각 체절에는 환상근과 종주근이 있으며, 환상근이 수축하면 종주근이 이완하여 몸이 길어지고, 그 반대는 짧아진다. 지렁이는 환대에는 없지만 첫 체절과 끝 체절에 뒤를 향해 줄지어 난 강모를 흙벽에 콱 내리 찌르고는 수축했던 몸을 앞으로 펴면서 아등바등 거슬러 밀고 나가면서 애써 땅굴을 판다. 이미 만들어진 땅굴에서는 미끈한 점액을 듬뿍 분비하여 그 속을 꼬물꼬물 미끄러지듯 기어 다닌다. 그로 인해 흙이 서로 섞이고 밭 흙에 공기가 잘 통하게 되는 것이다. 두더지처럼 여기저기를 들쑤시고 다니면 흙에 통기가 잘되어서 식물의 뿌리호흡에도 그지없이 좋다.

한마디로 흙을 갈아엎고 무기양분을 섞어주는 일을 하기에 아리스토텔레스는 지렁이를 "대지의 창자"라 불렀다. 말해서 좋은 흙을 만드는 공장이다! 일부러 음식물 찌꺼기, 부패한 식물, 가축의 배설물들을 먹어치우게도 하는데, 그때 쓰는 것이 몸집이 작은 줄지렁이Eisenia fetida요, 퀴퀴한 냄새가 진동하는 두엄더미에서 들끓는 녀석도 바로 이놈이며, 서양 사람들이 번번이 서로 사고파는 지렁이도 이놈이다. '그깟 지렁이' 정도가 아닌 귀한 존재라는 것. 새, 뱀, 곰, 고슴도치, 두더지, 딱정벌레 등 수많은 떨거지의 밥이 되니 지렁이 없는 먹이 생태계는 존재하지 못한다. 어림없고말고.

뉴질랜드 원주민인 마오리족은 뜻밖에도 지렁이를 즐겨 먹는다고 한다. 어디 그들뿐인가. 우리도 지렁이가 약 된다고 끓여 먹으니 토룡탕이요, 지렁이를 찌고 볶아 가루를 내어 식용으로 가공한 식품도 이미 개발 중이라고 한다. 쭐쭐 굶어보지 않고는 이해 못 할 일이지만, 배가 둥덩산 같았던 내 어릴 적 친구 종근이도 굵은 지렁이를 잡아 고아 먹었으며, 어느 나라 어린이들처럼 쥐도 잡아 구워 먹었다. 그뿐만이 아니다. 지렁이의 몸에서 혈전血栓을 예방하는 약 룸브리키나제lumbrikinase를 뽑아낸다. 하여 도살장에서 버려지는 찌꺼기들을 모아 지렁이를 키우는 사람들이 쌔고 쌨다.

그나저나 간밤에 난데없이 비가 억수로 내린 뒤라 땅바닥 곳곳에 엉망진창으로 널브러져 있는 지렁이를 본다. 아수라장이다! 비가 오면 굴에서 기어 나오는 까닭에 대해 여러 말을 하지만, 그 정답은 굴에 물이 흥건히 들이차서 망연자실, 숨도 못 쉴 지경이라 누가 먼저랄 것도 없이 서둘러 도망 나오는 것이다. 이거야말로 별안간 집을 잃어 날벼락 맞은 수해 이재민인 셈이다.

숨 막혀 질식 직전에 탈출한 지렁이 식구들! 우리가 어릴 적에는
마당에서 그것들을 모조리 주워다가 닭들에게 던져 주었는데,
요새 사람들은 새빨간 거짓말로 여기기 십상이겠다.

만만찮은 연체동물의 삶이라니

+ 굼뜬 달팽이도 제 집이 있나니

유난히 둥그스름하고 앙증맞은 달팽이의 정겨운 생김새와 느릿느릿 곰살궂은 굼뜬 행동은 사람에게 이루 말할 수 없는 친근감을 준다. 제가끔 재빠르고 모가 난 동물이거나 꿈쩍 않는 뱀, 꿈틀거리는 지렁이 같은 것은 어쩐지 혐오스러워 가까이하기를 꺼린다. 그러나 뚱그런 달팽이는 저절로 눈을 끌고 손을 잡아당긴다. 바다의 소라나 강가의 물달팽이를 닮은 달팽이는 땅에 살기에 아가미로 숨을 쉬지 못하고, 외투막이 변한 허파로 공기 호흡하는 유일한 연체동물이다. 따라서 육산 달팽이를 유폐복족류라 부른다. 머리 뒤 껍데기 바로 밑에 열렸다 닫혔다 하는 것이 숨 쉬는 호흡공이고, 그곳을 통해 공기가 드나드니 공기 호흡을 한다. 머리 아래쪽에 항문을 겸한 생식공(산란공)이 있고, 연체동물만이 갖는 치설齒舌로 이끼나 조류(말류) 같은 먹이를 핥아 먹거나 풀잎을 갉아 먹는다. 대부분 초식성이지만 육식이나 잡식성도 드물게 있다.

'달팽이'라는 이름은 어디서, 어떻게 생겨났을까. 흔히 생물의 이름은 그것의 외형에서 따온다. 단세포동물인 짚신벌레가 옛날 신발인 짚신이나 미투리를 본떠 붙인 이름이듯이, 아마도 달팽이는 밤하늘에 비치는 달처럼 둥그스름하고, 땅이나 얼음에 지치는 팽글팽글 돌아가는 팽이를 닮았다고 해서 붙인 이름이리라. 옛날 사람들은 달팽이를 '와우蝸牛'라고 했는데 '와'는 달팽이, '우'는 소를 뜻하며, 우보만리牛步萬里라고 녀석들의 행동이 소처럼 느릿하고 더디다는 의미가 배어 있다. 하지만 달팽이는 느리면서도 꾸준하다. 영어로는 snail, 즉 '느림뱅이'란 뜻을 가진 달팽이는 보통 1초에 1밀리미터를 간다! 이메일에 쓰는 @를 다들 '달팽이'나 '골뱅이'라 하는데, 실은 at이나 to로 읽는다.

우리나라에는 110종이 넘는 육산陸産 달팽이가 육지 곳곳에 살지 않는 곳이 없으니, 내 눈에는 한국의 산야山野가 온통 달팽이로 뒤덮여 있는 것으로 보인다. 울울창창한 활엽수림 언저리와 논틀밭틀, 마당가 담장 밑, 정원에서 사람과 함께 살아온 그놈들의 우리말 이름이 바로 '달팽이'이고, 학명은 *Acusta* *despecta sieboldiana*이다. 논두렁, 밭두렁, 채소밭 등 밭가의 거적때기 밑에서 굼실거리는 달팽이는 연체동물문 복족강 병안 목 달팽이과에 속한다.

앞의 병안목에서 '병안'은 '눈자루'란 뜻으로, 여기서 '자루'는 다름 아닌 4개의 촉수 중 2개의 큰 더듬이(제1촉각)를 일컫는다. 큰 더듬이의 꼭대기에 동그란 눈이 붙은 것이 특징이다. 병안목에는 일반 달팽이와 민달팽이가 들어간다. 그리고 달팽이과를 칭하는 Bradybaenidae의 bradus는 그리스어로 '천천히', baino는 '걷는다'란 의미로 slow walker란 뜻이다. 영어로 'walk like a snail'이라 하면 행동이 느린 것을 칭한다.

달팽이는 우리나라에 사는 가장 흔한 종으로 농작물에 해를 끼치는 일종의 해충인 셈이다. 옥수수나 배추밭에 떼 지어 달려들어 한꺼번에 어린순을 다 먹어치우기도 하고, 서양란의 순, 어린 귤잎 등 가리지 않고 먹는다. 나도 가을 농사로 배추를 심는데, 가만히 보면 달팽이는 배추가 어릴 적엔 여린 잎을 통째로 뜯어 먹고 늦가을에는 속고갱이까지 갉아 먹는다. 농약을 뿌리지 않으니 달팽이가 제 세상을 만난 듯이 온 밭에 마음껏 설쳐댄다.

하여튼 달팽이는 한평생 제 집을 메고 다니기에 이사를 할 필요가 없고, 그래서 집 걱정을 하지 않아도 되는 복된 동물이다. 집, 즉 껍데기는 몸에서 수분이 증발되는 것을 막고 외부의 충격을 줄이며, 천적이 나타나면 달팽이는 메롱! 하고 몸을 말아 이 껍데기 안으로 넣어버린다. 껍데기 안쪽에는 부드러운 외투막이 있어 내장 기관을 보호한다. 또한 이 외투막은 단백질인 콘치올린conchiolin이나 탄산칼슘을 분비하여 껍데기를 만들고 달팽이를 자라게 한다. 따라서 외투막은 껍데기가 다쳤을 때 상처 난 곳을 보수補修해준다. 달팽이의 껍데기는 조개나 달걀 껍데기 같은 탄산칼슘이 주성분인데, 달팽이의 먹이로 조개껍데기나 갑오징어 뼈, 달걀 껍데기를 넣어주는 까닭이 여기에 있다.

달팽이의 생김새는 살갑고 재미있는 구석이 많다. 잘 살펴보면 달팽이는 쭉 뻗은 더듬이가 4개 있다. 머리 위쪽에 길고 큰 더듬이가 2개 삐죽 나 있고, 아래에는 짧고 작은 더듬이(제2촉각)가 둘 있으니 남다르게도 더듬이가 넷이다. 세상에 이런 동물은 오직 달팽이뿐이다. 큰 더듬이 끝에는 말똥말똥한 동그란 눈이 달려 있는데, 달팽이는 이것으로 명암을 간신히 구별해내고, 작은 더듬이로는 냄새, 온도, 바람 등의 변화를 더듬더듬 꼼꼼히 챙긴다. 큰 더듬이를 위로 곧추세워 절레절레 흔들어대는 데 반해서 작은 더듬이는 늘 바닥 쪽으로 눕혀서 설렁설렁 움직인다.

장난삼아 달팽이 눈을 손끝으로 살짝 건드려보라. 호기심 어린 장난은 창조성과 과학성을 한껏 품고 있는 것! 호기심은 동심을, 동심은 시심을, 시심은 과학 하는 마음을 잉태한다. 하여 호기심은 창조심이요, 과학심인 것! 아무튼 까닥거리는 눈자루를 보고 있노라면 저절로 장난기가 돈다. 살짝 건드리면 눈알을 더듬이 안으로 얼른 쏙 말아 넣어버리는데, 좀 있노라면 되풀어 치켜세우고는 또다시 더듬이를 간들간들 움찔거린다. 그래서 겸연쩍은 일을 당했을 때를 비유하여 "달팽이 눈이 되었다"고 하는 것. 더듬이 4개를 연신 엇갈려 흔들거리며 여기저기, 이리저리 얽히듯 꿈틀댄다. 혹시 먹을 것이 있나, 이 길로 가도 되나, 또 나를 잡아먹으려 드는 놈은 없나 하고 살피고 있는 것이다. 그런데 옛날 어른들은 이런 달팽이 더듬이 모양새를 두고 '와우각상쟁蝸牛角上爭'이라는 말을 만들어냈다. "달팽이 뿔 위의 싸움"이라는 이 말은 사소하거나 불필요한 일로 다투는 것을 말하거나 남이 보기에 별것 아닌 일인데 심각하게 대립하는 경우를 야유조로 표현할 때 쓴다. 집안싸움도 달팽이 더듬이 다툼질과 하나도 다를 게 없다. 다툼 없이 살 순 없을까. 죄다 탐욕과 욕심에서 생기는 것이라 조금 손해 보면서 살면 그런 일이 없을 터인데…….말이 쉽지, 사람 사는 일이 어디 그런가.

달팽이과의 몇 속은 특이하고 별난 짝짓기를 한다. 자웅동체인 달팽이가 짝짓기 직전에 한껏 상대를 자극하니 일종의 전희행위이다. 달팽이는 작살이나 바늘을 닮은 '연시戀矢'를 가지고 있어 그것으로 상대방을 찔러 흥분시킨다. 탄산칼슘이나 키틴질

chitinous, 연골 성분인 연시는 딱딱하고 길쭉하다. 평균 5밀리미터 이하이고 긴 것은 30밀리미터나 되며, 머리의 오른편 음경 가까이에 있는 연시주머니에 들어 있다. 성적으로 성숙한 개체만이 연시를 만들며, 종에 따라 모양이나 크기가 아주 가지각색으로 달라서 종의 분류나 검색을 하는 데 쓴다.

짝짓기 전, 달팽이는 6시간 가까이 서로 어르고 달래며 빙글빙글 돈다. 더듬이를 상대방의 몸에 갖다 대거나 입이나 생식기 부위를 깨물며 알짱거리고 찝쩍댄다. 한바탕 실랑이를 벌이다가 왈칵 음경을 뒤집어서 서로 몸을 맞대는 순간 대뜸 연시를 쏜다. 달팽이는 시력이 좋지 못하여 정확하게 상대방의 몸에 연시를 꽂지 못한다. 한 번이나 여러 번 상대의 살에 연시를 찌르는데 그것을 받아들이는 기관은 따로 없으며, 화살처럼 공중을 날아가는 것이 아니고 살과 살이 맞닿은 상태에서 찌른다. 어떤 때는 아주 세게 쏜 탓에 상대방 몸에 박히는 수가 있는가 하면, 몸이나 머리를 뚫고 나가 불쑥 몸 반대편으로 나가는 수도 있다. 여러 마리의 달팽이가 사랑을 나눈 자리에는 탄산칼슘 화살들이 떨어져 바닥에 뒹군다. 한번 연시를 쓰고 나면 새로 만들어지는데 최소한 한 주가 걸린다고 한다. 그런데 달팽이과를 제외하고는 육산패陸産貝의 대부분은 연시를 만들지 않는다.

연시가 비록 정자를 운반하는 기관은 아니지만 근래 알려진 사실로는 연시에 묻은 상대방의 점액 물질이 호르몬 비슷한 물질을 만들어서 정자를 건강하게 유지할 수 있다고 한다. 찌르기 의식이 끝나고 나면 서둘러 교미를 하고 서로 정자를 맞교환한다. 몸에 난소와 정소를 다 갖는 자웅동체이지만 이렇게 정자를 바꾸어 근친교배를 막는다! 그러고는 알을 낳기 위해 발로 5~10센티미터 정도 땅을 파고, 종에 따라 다르지만 거기에다 70개 남짓되는 오밀조밀한 알을 연신 무더기로 낳고는 서둘러 흙으로 살짝 덮어둔다. 알은 지름이 3~4밀리미터로 달걀을 축소한 꼴인데, 일주일쯤 지나면 껍질이 녹아 와글와글 어엿한 새 생명이 태어난다. 달팽이의 수명은 종에 따라 2~3년 또는 5~7년이다.

필자가 달팽이, 조개, 고둥 등의 연체동물인 패류를 전공하게 된 계기가 아무리 생각해도 흥미롭다. 바로 영국 달팽이에 있었다. 지금도 정기 구독을 하고 있지만 당시 막 도착한 과학잡지 〈사이언티픽 아메리카*Scientific America*〉를 넘기고 있었는데, 아니! 이럴 수가? 달팽이 사진이 한 쪽을 가득 채우고 있지 않는가? 한번도 보지 못한 뭇 달팽이가 눈에 쏙 들었다. 영국의 패류학자가 낸 논문으로, 같은 종인데도 여러 가지 색 띠를 가지는 '색대色帶의 변이'에 관한 것이었다. 개안開眼, 그 논문은 내 눈을 확 뜨이게 한, 강한 영감을 주는 그 무엇이었다. 이런 것을 놓고 천생연분이라 하는 것이리라. 학문도 이렇게 어떤 계기가 있는 법. 치켜세우는 것 같아 남우세스럽지만 우리나라의 땅 달팽이를 샅샅이 뒤져서 일일이 사진 찍고, 이름 붙이고, 분포도를 작성하는 일로 박사를 받았고, 그 후 근 30년간 우리나라의 강과 바다 속 패류를 채집하고 동정하여 책을 내고 논문을 썼다. 대표적인 책이 『한국동식물도감』 제32권 「연체동물 편」인데 이것은 우리나라의 모든 초 · 중 · 고등학교의 도서관에 다 있고, 시중의 출판사에서 『원색한국패류도감』을 2권 출간하였으며, 전공 논문도 70여 편을 썼다. 한 편의 논문이 한 사람의 학문의 길을 열어 준 셈이다. 참 고마운 일이다!

달팽이는 무덥고 건조한 여름에는 그늘진 곳이나 시원한 돌 밑에 아예 몸을 숨겨 여름잠(하면)에 들고, 추운 겨울에는 낙엽 밑이나 깊은 땅 속으로 기어들어 겨울잠(동면)을 잔다. 잠을 잘 때는 몸에서 물기가 날아가는 것을 막기 위해 입(각구)을 몽땅 점액으로 도배한다. 이 점액이 굳어 석회화된 창호지 같은 막을 동개롱 觠라 한다. 달팽이는 거기에 작은 구멍을 하나 뚫어놓는데, 숨을 쉬기 위해 만들어둔 숨구멍이다.

달팽이의 점액은 여러모로 쓸모가 많다. 수분 증발을 막는 것 뿐만 아니라 발로 기어갈 때도 도움을 준다. 달팽이는 근육질인 넓적한 발의 물결운동(파상운동)으로 움직이는데, 땅바닥이 까칠까칠하거나 메마르면 발을 움직이기가 쉽지 않기에 점액을 듬뿍 분비해 그 위를 스르르 미끄러져 간다. 그래서 달팽이나 민달팽이가 기어간 자리에 바짝 마른 흰 점액이 남으니, 말해서 달팽이의 족적足跡이다. 바닥에 물기가 한가득 있어 다습하거나 매끈하면 액을 적게 분비하지만, 바닥이 거칠거나 메말라 있으면 더 많은 끈끈이를 분비하기에 그 흰 자국도 선명해진다.

이 점액이 얼마나 신통방통한지는 달팽이를 예리한 면도날 위에 갖다 얹어보면 안다. 발이 잘려나가거나 상처라도 입지 않을까 아슬아슬하고 섬뜩한 기분이 들지만, 이들은 허둥대지 않고 담담하게 날 위를 까딱없이 슬쩍 넘어간다. 그깟 칼날쯤이야 뭐가 대수겠는가. 발에서 분비하는 끈끈이가 본드처럼 순간적으로 굳어지기 때문에 달팽이는 발이 칼날에 닿지 않은 채 어물쩍 끄떡없이 곤두박질한다. "땅 짚고 헤엄치기"란 말은 이럴 때 쓰는 것이리라. 하여 발이 잘리거나 다치지도 않는다.

그리고 녀석들은 배가 고플 때는 종이까지 뜯어먹을 정도로 먹성이 좋아서 멋모르고 채집 병마개로 신문지를 구기박질러 막아뒀다가는 마개를 홀랑 뜯어 먹힌다. 울릉도에 채집을 갔다가 기차게 당했던 일이 섬광처럼 불쑥 솟는구나. 아침에 일어나 눈을 뜨니 어제 하루 온종일 잡은 달팽이들이 간밤에 탈출 소동을 벌인 것이다. 한 벽 가득 놈들이 즐비하게 붙어 있지 않은가. 텅 빈 마음으로 채집 병들을 들여다보니 마개가 없어지고 안은 텅

비었더라 이거지. 그런데 소는 반추위(되새김위)가, 토끼는 맹장이 발효 탱크 역할을 하여 섬유소를 분해하듯 달팽이도 미생물의 도움을 받아 신문지의 셀룰로오스를 분해한다. 염소가 종이를 맛있게 먹는 것도 같은 이치이다.

프랑스를 비롯한 몇몇 나라는 식용 달팽이를 고급 요리로 취급한다. 길이는 40~55밀리미터, 무게는 25~45그램인 헬릭스 포마티아*Helix pomatia*라는 학명의 달팽이가 바로 대표적인 식용 달팽이다. 이것으로 만든 요리를 에스카르고Escargot라 하는데 육질이 쫀득거리는 것이 감칠맛이 있고 영양가도 좋다고 한다. 우리나라의 큰 호텔에서도 맛을 볼 수 있다고 하지만 달팽이를 전공한 필자는 언감생심, 아직 맛도 보지 못했구려. 그 외에도 길이 28~35밀리미터, 무게 7~15그램인 *Helix aspersa*나, 동아 프리카 원산으로 큰 것은 30센티미터나 된다고 하는 세계에서 가장 큰 왕달팽이*Achatina fulica*도 식용한다. 우리나라에서도 남쪽 지방의 비닐하우스에서 왕달팽이를 많이들 키운다. 더 나아가 달팽이 알을 snail caviar라 하여 판다고 하니 유럽에서는 인기가 있다고 한다. 아무튼 식용 달팽이는 프랑스뿐만 아니라 유럽 곳곳에서 즐긴다고 하는데, 포르투갈에서만도 1년에 4000톤의 식용 달팽이를 소비한다고 한다. 게다가 이것으로 여러 가지 가공식품을 만드니, '달팽이 진액(엑기스)'도 그중의 하나이다. 엑

기스ekisu 란 말은 일본 사람들이 쓰는 말로 extract라는 말에 어원이 있으며, '진액'이 순화된 우리말이다.

달팽이의 천적은 새나 땅플라나리아, 고슴도치, 딱정벌레 따위이다. 딱정벌레 중에서도 강의 다슬기를 먹는 '애반딧불이'만 빼고 '늦반딧불이' 등의 나머지 반딧불이 애벌레들은 땅에 사는 달팽이를 잡아먹고 자란다. 애벌레에 눌려 옥죄인 달팽이는 입에서 방어용의 끈적끈적한 거품을 그득 내면서 안간힘을 다해 몸부림치고 버둥대며 실랑이를 해보지만, 일단 모진 놈들의 끔찍한 무차별 공격을 받으면 안타깝게도 끝내 처참하게 고꾸라지고 만다. 이렇게 달팽이를 먹고 자란 반딧불이의 애벌레는 번데기로 바뀌고, 다음 해 여름과 가을에 성충이 된다. '달팽이박사 권오길'이란 별명을 붙여준 달팽이! 달팽이도 호락호락하게 볼만만한 창조물이 아니로군.

독자들은 아마도 좀비 달팽이Zombie snails 란 말을 들어봤을 것이다. zombie란 '반쯤 죽은 사람'이나 '되살아난 시체' 따위를 이르는 말로, 좀비 달팽이는 '비참한 달팽이'를 일컫는다고 하면 되겠다. 뭐가 어째서? 늪에 사는 쨈물우렁이의 일종인 *Succinea putri*라는 유럽 달팽이의 더듬이에 편형동물의 흡충류가 기생한다. 흡충류의 유생인 세르카리아cercaria 가 이 달팽이의 큰 더듬이 중에 특히 왼쪽에 있는 것을 커다랗게 부풀어 오르게 하는데,

예쁜 색을 띠게 할뿐더러 벌레(구더기) 모양으로 만들어 까닥까닥 움직이게도 한다. 바보 달팽이는 기생충이 시키는 대로 따라 하니 기생충이 숙주의 행동을 마음대로 조절하는 좋은 예가 된다. 새는 그것이 제가 잘 먹는 벌레인 줄 알고 톡 잘라먹는다(달팽이의 안병眼柄은 재생한다). 새가 먹은 더듬이 속의 세르카리아는 최종 숙주인 새의 몸에서 디스토마를 닮은 성체가 되고, 흡충의 암수는 유성생식을 하여 알을 만들며, 그 알은 새똥에 묻어나간다. 중간 숙주인 달팽이는 이끼나 풀을 뜯으면서 먹잇감에 묻은 알도 함께 먹는다. 새똥의 알은 달팽이의 소화관에서 미라시디움 miracidium, 스포로시스트sporocyst 단계를 거쳐 세르카리아 단계가 되면 더듬이를 뚫고 들어가 괴상한 벌레 꼴의 더듬이를 만든다. 중간 숙주가 포식자에게 먹히게 만드는, 기생충의 이런 괴이한 행위를 '공격적 의태aggressive mimicry'라 한다.

+ 세상에, 조개가 산골짜기에 산다니!

나의 연구에 참 많은 도움을 준, 그러나 고인이 된 일본 패류학자 하베波部忠重, Tadashige Habe 선생과 시골 동네를 지나는데 그 어귀에 지하수를 긷는 펌프 우물이 있었다. 그때 하베 선생이 날더러 "다음에 플랑크톤 넷을 저기 저런 펌프 아가리에 대고 물을 퍼 올려보라"고 얼토당토 않는 말을 했었다. 여태 우리나라에서는 눈을 씻고 봐도 채집된 적이 없었는데, 지하수에 사는 고둥 무리가 펌프 주둥이에 버젓이 살고 있단다. 진정 어안이 벙벙하고 기가 찬다. 그렇게 지하에서 근근이 버티며 힘겹게 산다니, 그런 악바리가 따로 없다.

이른바 물만 있으면 어디서나 사는 담수패淡水貝들! 정녕 거세고 드센 놈들이다. 고도가 꽤나 높은 산 중턱, 물이 계속 퐁퐁 솟구쳐 용수湧水가 흐르는 작은 웅덩이에 껍데기가 2장인 이매패二枚貝 조개가 어김없이 살고 있으니, 이름 하여 산골조개Pisidium coreanum이다. 아무도 없는 첩첩산중에 코딱지만 한 새하얀 조개가 오밀조밀 빼곡히 하얀 통소금을 뿌려놓은 듯하다. 쥐 죽은 듯이 가만히 들여다보고 있노라면 뽀얀 애기 발을 내밀고는 앞다퉈 싸목싸목 살갑게 기어가고 있다. 여기에서 필자의 화두, "너는 왜 여기에서 살고 있느냐"를 또 되뇌게 된다. 가시방석이 따로 없다. 언제, 어디서, 어떻게 온 놈들이 저토록 응달지고 손바닥만 한 웅덩이에서 구차스럽게 갇혀 힘겹게 살아가는 것일까?! 파란곡절의 내력이 다 있었을 터. 그렇다. 옛날 이들이 살았던 강의 지각이 요동치며 융기하면서 산이 만들어진 탓에 그렇게 후딱 높다란 곳으로 올라가게 됐던 것. "우물 안의 개구리"인 양 천 날 만 날 그 좁디좁은 샘물터에 발이 묶여 아무 데도 못 가고, 알량한 한생을 절체절명의 궁박 속에서 간신히 보낸다. 아마 새끼의 새끼도 거기서 그렇게 아등바등 살아갈 것이다. "이래도 한 평생 저래도 한평생"이란 팔자소관 타령이 있지만 어쩐지 내 한 살이를 보는 것 같아서 숙연해진다는 말이다.

우리나라에는 같은 백합목에 속하는 재첩과와 아주 가까운 산골과Sphaeriidae 2속 2종이 이렇게 산골짜기나 호수, 강, 저수 지에 살고 있다. 먼저 산골조개이다. 산골조개는 낙엽 등 부식 중인 것들이 많이 널려 있는 모래 섞인 진흙밭과 산 중턱의 맑은 샘 또는 웅덩이에 산다. 크기는 보통 각고殼高 4.7밀리미터, 각장殼長 5.5밀리미터, 각폭殼幅 3.5밀리미터쯤 되며, 둥그스름한 삼각 형 꼴이다. 껍데기는 연미색이고 매끈하며, 입수공과 출수공이 하나로 연결되어 있다. 처음 태어난 껍데기(태각胎殼)는 반들반들 광택이 나고, 자웅동체로 난태생卵胎生을 한다. 다시 말하면 수정 란은 아가미가 변한 보육낭保育囊 속에서 제법 자라 새끼 유패幼 貝가 되어 어미의 몸 밖으로 나온다. 필자는 산골조개 한 마리에 유패가 19마리까지 든 것을 실험실에서 관찰한 적이 있다.

다음은 삼각산골조개Musculium japonicum라는 놈이다. 이것은 산골조개보다 훨씬 커서 각고 9밀리미터, 각장 11밀리미터, 각 폭 7밀리미터로, 산중에 살지 않고 실개천의 수초나 진흙이 많 은 저수지와 농로農路에 복작복작 떼 지어 산다. 가장 대표적인 곳이 강원도 영월의 장릉 저수지인데, 한가득 부어놓은 듯 수로에 쫙 깔려 있었던 기억이 아직 생생하다. 보통 각피는 회백색이고 성장선이 뚜렷하며, 각정殼頂은 각피의 중앙을 차지한다. 각정이 손톱을 닮았다 하여 서양 사람들은 fingernail clam이라 하며 거의 삼각형에 가깝다. 역시 난태생으로 유패는 아가미 속에서 자라는데 필자는 이 새끼 조개가 최대 40마리까지 들어 있는 것을 본 적이 있다. 새끼 조개는 길이가 1.7밀리미터나 된다.

'산골'이란 이름은 어떻게 붙은 것일까. '산골짜기'란 뜻일까? 아니면 '산에 있는 뼈, 골骨'이란 뜻인가? 사전에는 "허리가 아프고 뼈를 다쳤을 때 먹는 '기장산골'이나 '메밀산골'이다"라고 쓰여 있는데 이것은 분명 조개가 아닌 금속물이다. 그런데 시골 장에서 하얀 산골조개를 팔고 있다. 모른 척하고 이게 뭐냐고 물어보면 "'산골'이라는 것으로 뼈가 약하거나 다친 데 좋다"라고 설명을 한다. 맞다. 진짜 산골은 이것으로 '삼각산골조개'가 대부분이다. 얇디얇은 산골조개 껍데기는 주성분이 탄산칼슘이라 뼈에 나쁠 게 없다. 뼈의 주성분이 칼슘과 인이 아닌가. 어쨌거나 육신을 잘 다스리면 현인이요, 마음을 잘 다스리면 성인이라는데, 부디 심신을 밝고 맑게 할지어다.

이제 우리 함께 산자락의 동굴로 들어가보자. 동굴은 다름 아닌 산속의 내(川)이고 강이며, 산의 내장이요, 창자이다. 철철 흐르는 물에 묻은 이산화탄소가 석회암을 긴긴 세월 조금씩 녹여

내니 결국은 커다란 굴이 뚫려버린다. 입구에서 멈추지 않고 안으로, 안으로 물길 따라 이어서 들어가본다. 100여 미터 속으로 들어가면 섬뜩, 빛 한 점 없는 사위가 칠흑 같은 곳에 도달한다. 왠지 모를 무거움과 차가움에 무위정적無爲靜寂하고 적멸寂滅하다. 자작하게 흐르는 물 아래 새하얗고 조그마한 고둥들이 바위에 도드라지게 붙어 있으니, 손이 닿으면 당장에 손때 탈 듯 희디희다. 각고, 각경이 각각 2밀리미터 정도인 꼬마 고둥이 거기서 박쥐 똥을 먹으며 살고 있다니 만감이 교차한다. 아마도 이 글머리에서 말한, 펌프질을 하면 잡힌다는 것이 바로 이 무리일 터다. 이놈들의 이름은 둥근동굴우렁이Cavernacmella coreana로 우리나라 동굴에 사는 대표적인 종이며, 아주 오래된 '살아 있는 화석'이다. 어디 살 데가 없어서 눈앞이 캄캄한 동굴에 네가 살고 있다니! 말문이 막힌다.

글 중간에 산골과의 조개와 재첩과의 조개는 같은 백합목이면서 서로 닮았다고 했다. 그래서 재첩Corbicula fluminea을 여기서 조금 덧붙인다. 우리나라의 재첩과에는 1속 6종의 재첩이 있다. 거의가 난생卵生을 하지만 일부는 산골조개처럼 난태생을 하고, 대부분 민물에 사나 기수종도 일부 있다. 모래가 많은 강바닥에 사는 재첩은 아시아가 원산이라 Asian clam이라 부른다. 북미 대륙이나 유럽 등 세계로 퍼져나갔으니, 미국에는 이미 1924

년경에 아시아 이주민들이 먹이로 들여갔을 것이라고 본다. 각고 30밀리미터, 각장 34밀리미터, 각폭 19밀리미터 정도로 약간 둥그렇지만 삼각형에 가까우며, 일반적으로 색이 누르스름하고, 동심원적인 윤륵輪肋이 7~14개 분포한다. 패각 안쪽은 백색이거나 자색이며 유패는 보통 녹색이다. 두 껍데기를 달라붙이는 질기고 탄력 있는 인대가 발달하였으며, 각정 아래에 3개의 주치가 있고 전후에 긴 측치가 있다. 입수관과 출수관이 발달하였으며, 모래나 진흙 속의 유기물, 플랑크톤, 조류 등을 아가미에서 걸러 먹는 여과 섭식을 한다. 그리고 색, 크기 등은 지역에 따라 변이가 심한데 일반적으로 모래 바닥에 사는 것은 황갈색이고, 진흙 펄에서 사는 것은 흑색이다. 더군다나 암수한몸으로, 성적으로 성숙이 됐다 싶으면 제일 먼저 알을 만들고, 그다음 정자를 만들다가 좀 더 뒤에는 난자와 정자를 동시에 만들어 자가수정을 한다.

"재칫국 사이소~!" 이른 아침이면 언제나 얼굴이 새까만 억척이 '재칫국 아지매'가 왜바지를 입고 작은 물동이에 뽀얀 재첩국을 담아 몸을 사리지 않고 동네방네를 종횡무진, 죽을 둥 살둥 휘저으며 그렇게 외치고 다녔다. 부산의 명물, 재첩국이 아니었던가. 일찍 돌아가신 형님께서도 속이 좋지 않으셔서 늘 아침이면 그 아주머니를 기다리셨다. 또한 아침 술국으로는 그 어느 것도 넘볼 수 없었던 짭짤하고 구수하고 달착지근한 해장국! 이 재첩은 기수 지역인 낙동강 하구에서 잡았던 것이나 역시 절멸 絶滅하고 말았다. 그래도 여태 명맥을 이어가는 것은 하동 섬진강 유역에서 채취된 '하동 재첩'인데, 너마저 속수무책으로 끝내 우수수 골로 갈 위기에 처했다지. 아서라, 아서. 시도 때도 없이 오죽 강바닥을 긁어 젖혔으면, 당연히 살아남을 장사 없지. 천하에 고얀 사람들, 재첩 목줄기에까지 비수를 꽂다니……. 아무튼 산골이나 재첩이나 다 얕보고 깔볼 존재가 아니다. 누가 뭐래도 사람에게 도움을 주는, 한 가닥 하는 조가비렷다!

어쩜 하나같이 제각각인
절지동물이더냐

+ 가을의 전령사, 귀뚜라미

귀뚜라미cricket는 메뚜기목 귀뚜라미과의 곤충으로 메뚜기나 풀무치와 가깝지만 그들에 비해 몸이 납작한 편이다. 귀뚜라미도 다른 곤충처럼 암놈이 덩치가 크고, 몸길이는 보통 17~21밀리미터이다. 몸은 흑갈색에 점무늬가 있으며, 머리는 둥글고 광택이 난다. 겹눈은 타원형이고, 촉각은 더듬더듬 까딱까딱거리는 것이 실같이 가늘고 길쭉하여 길이가 체장의 1.5배나 된다. 날개는 겉의 것은 딱딱하나 안의 것은 얇으며, 앞날개는 짧아서 배 끝에 이르지 못하고, 뒷날개는 보통 퇴화한다. 수컷의 앞날개는 발음기가 발달해 날개맥이 복잡하며, 뒷다리는 잘 뛸 수 있게끔 크고 날렵하게 생겼다. 주로 인가 근방이나 밭가의 풀숲, 마당가의 돌 틈새, 집구석의 으슥한 곳, 초원이나 정원의 돌 밑에서 산다. 또한 잡식성이라 부패 중인 유기물, 배추나 무의 어린 싹, 버섯, 작은 곤충도 잡아먹고, 먹을 것이 부족하면 급기야는 병약한 동료를 다짜고짜 잡아먹기도 한다. 1200여 종이 세계적으로 널리 분포하며, 한국에는 왕귀뚜라미, 알락귀뚜라미 등 30여 종이 알려져 있다. 알다시피 11명씩 두 팀이 공을 배트로 쳐서 득점을 겨루는 영국의 국기國技 또한 크리켓cricket이다.

가을의 전령사인 귀뚜라미가 귀뚤귀뚤 한껏 노래를 불러댄다. 여름이 매미의 철이라면 가을은 정녕 귀뚜리의 계절이 아닌가. 늦여름이면 낮에는 시끌벅적 맴맴거리는 매미 소리에 귀가 따갑고, 밤에는 귀뚜리 소리에 귀청이 얼얼하니, 여름에서 가을로 넘어가는 의식치고는 장대하고 요란하다. 귀뚜라미는 야행성이라 밤을 꼬박 지새우며 노래를 부르는데, 심지어 날밤을 가리지 않고 천방지축으로 신바람 나게 소리를 지르는 녀석들도 더러 있다.

알다시피 소리를 내지르는 놈은 하나같이 수컷이다. 시끌벅적 소리를 내는 것은 자기의 영역을 알려 다른 것들이 경계를 넘어오지 못하게 하는 경고이자 텃세요, 또 하나는 암컷을 꾀는 얍삽한 구애의 속삭임이다. 다 까닭이 있는 것. 하여 암컷들이 소리가 굵고 우렁찬 수놈에 얼씬거린다. 사람도 별로 다를 게 없어서 잘나고 우람한 몸집에 힘세고 번듯한 남자가 인기라 그런 사람이 절세미인을 꿰찬다. 건강한 유전인자를 가진 상대를 고르는 것을 '성의 선택'이라 했는데, 암놈들은 오직 튼튼한 자식을 낳기 위해서 튼실한 상대를 고른다고 한다. 만 가지 생각을 하는 여인네들의 속마음을 누가 탓하랴만, 남자의 마음 또한 손톱 끝만큼도 다르지 않을 터다.

그럼 왜 암놈들은 애교스러운 노래를 못하는 음치란 말인가. 닭, 개구리, 매미, 풀무치 등 모든 암놈은 소리를 내지 못한다. '못한다'보다는 '않는다'란 말이 옳을 듯하다. 여느 동물이나 마찬가지로 암놈은 고급스러운 영양분이 가득 찬 커다란 알을 낳는 반면에 수컷은 에너지가 적게 드는 허름하고 너절한 정자를 만든다. 수놈은 아무리 소리 에너지를 써도 시시하고 허접한 정자를 만드는 데 큰 탈이 없으나, 암놈은 적은 에너지도 아껴 알에다 저장해야 하기에 소리 지르는 것까지도 삼가게 되었다. 설명이 그럴듯하지 않은가?

"봄은 모든 이를 감성적인 시인으로, 가을은 모두를 이성적인 철인哲人으로 만든다"고 한다. 정녕 해맑고 삽상한 가을밤에 처량하게 울리는 애틋한 놈들의 합창은 사람의 애간장을 녹이고 끊어놓는다. '아, 저 벌레들도 서로 짝을 찾느라 저 야단을 치는구나' 하는 마음에서 외톨이 노인들의 허망한 마음을 떠올리고 있는 것이지.

그러면 귀뚤귀뚤 애절한 소리는 어떻게 낸담. 수컷의 오른쪽 앞날개 아랫면에는 빗 닮은 시맥翅脈 돌기가 까칠까칠하게 빼곡히 나 있고, 왼쪽 앞날개 윗면에는 발톱처럼 생긴 돌기가 도드라져 있다. 이 왼쪽 날개 위에 오른쪽 날개를 올려놓고 싹싹 비비니, 노랫소리는 이 두 날개를 문질러서 나는 일종의 마찰음이다. 빗살을 손톱 끝으로 세게 문지르면 "따르르" 소리가 나듯 말이지. 빗살의 길이나 굵기, 촘촘한 정도에 따라 그 소리가 다 다르듯 종에 따라 소리가 조금씩 다른 것은 당연지사이다. 그리고 귀뚜라미는 앞다리 가운뎃마디 바로 아래에 고막이 있어서 사람 발걸음 소리나 다른 귀뚜라미 소리도 듣는다. 다리에 귀가 있고 날개로 소리를 내는 괴이한 벌레, 그 이름 귀뚜라미다!

귀뚜라미는 암놈을 부르거나 다른 수컷을 쫓을 때 가장 큰 소리를 내고, 암놈이 가까이 있을 적에 가장 낮은 소리를 낸다. 보통 주변 온도가 13도면 1분에 62회를 우는데, 온도가 높으면 빠른 속도로 울고, 낮으면 우는 횟수가 떨어진다고 한다. 다른 말로 하면 울음소리를 듣고도 기온을 얼추 잴 수 있다는 말이니, 14초 동안에 운 횟수에 40을 더하면 그때의 화씨온도가 나온다고 한다(돌베어의 법칙Dolbear's law). 변온동물이라서 개미의 걸음 속도나 귀뚜라미의 울음 수가 모두 온도에 매였는데, 온도가 올라가면 근육운동이 활발해져 그런 것이다.

수컷의 울음소리에 이리 기웃, 저리 기웃거리다 마침내 끌려 온 암컷이 서방의 가슴 밑에 있는 분비선에서 나오는 페로몬을 핥고 있노라면, 그 사이에 수컷은 느닷없이 자신의 정포精胞, 즉 정자가 든 젤라틴 덩어리를 암컷의 생식기에 갖다 붙인다. 이렇게 늦여름에 사랑을 나누고 늦가을에 산란을 하는데, 꼬리털(미모尾毛)보다 길고 바늘처럼 생긴 긴 산란관을 땅속에 꽂아 보통 200여 개의 알을 낳는다. 귀뚜라미는 알 상태로 월동을 하고, 이듬해 봄에 부화하며, 번데기 시기가 없는 불완전변태를 한다. 알에서 깨어난 어미 닮은 애벌레(약충若蟲)는 50~70일 동안에 7~9번을 탈피하고 성충이 되며, 성충은 대개 2개월 정도 살고 짧은 삶을 마감한다. 인간들은 100년도 모자란다고 노욕老慾을 부리는데, 이 벌레는 짧디짧은 팍팍한 삶을 후회 없이 살다가 한날한시에 죽어버린다.

중국 사람들은 귀뚜라미를 행운을 가져다주는 벌레로 여긴다. 더욱이 서양인들은 귀뚜라미를 죽이면 불행해지고, 함께 지내면 행복하고 지혜로워진다고 여겨 애완용으로 통 속에서 키운다. 그런가 하면 근래 와서 귀뚜라미를 개구리, 도마뱀, 거북, 도롱뇽, 거미 따위의 애완동물의 먹이로 삼기에 그 수요가 폭발적으로 늘어 우리나라에도 '귀뚜라미 사육 농장'이 여럿 있다고 한다. 그리고 멕시코나 동남아에서는 '귀뚜라미 싸움 내기'까지 하기에 이르렀으니, 사람들은 닭싸움, 개싸움, 소싸움에다 귀뚜라미싸움까지 즐긴다. 어디 그뿐이겠는가. 멕시코나 태국 같은 나라는 귀뚜라미를 튀겨 먹는다 하지 않는가. 귀뚜라미를 비롯한 곤충들이 단백질 공급원으로 세계적인 각광을 받기에 이르렀다 하니 필자도 그런 점에서 한통속이라 하겠다.

이 세상에 천적이 없는 생물은 없으매, 뚱보기생파리*Ormia ochracea*는 수놈 귀뚜라미의 소리를 듣고 달려가 귀뚜라미 몸에 유생을 찔러 낳는다. 이렇게 소리를 듣고 찾아가는 천적은 썩 드물다고 하는데, 이 기생파리를 피하기 위해 기어이 소리를 내지 않는 벙어리귀뚜라미까지 생겨났다고 한다. 아무튼 "귀뚜라미는 칠월에 들녘에서 울고, 팔월에는 마당에서 울고, 구월에는 마루 밑에서 울고, 시월에는 방에서 운다"고 한다. 온도에 예민하다는 말일 것이고, "방에서는 글 읽는 소리, 부엌에는 귀뚜라미 우는 소리다"란 말은 평화롭고 공부하는 분위기가 잘된 가정을 일컫는 말이다. 불현듯 떠오르니, '삼희성三喜聲'이란 글 읽는 소리, 다듬이질 소리, 갓난아이 우는 소리를 일컫는 말이다. 가슴을 탁치는 느낌이 들지 않는가. 허나 안타깝고 서럽게도 셋 다 속절없이 시나브로 역사 속으로 뿔뿔이 사라져가는 참이다. 올 가을에는 모처럼 한껏 책 읽기에 흠씬 빠져볼 것이다. 독서삼매 말이다. 하기야 독서에 무슨 철이 따로 있을라고. "젊은 시절은 거듭 오지 않으며 하루에 아침은 두 번 맞지 못한다"고 하지 않는가.

+ 멋 떨어진 사회생활을 하는 개미

개미는 벌목(막시목膜翅目, Hymenoptera) 개미과에 속하는 곤충이다. 여기서 '막시'란 말은 얇은 날개란 뜻이고, Hymenoptera의 Hymeno는 '얇은 막', ptera는 '날개'란 뜻으로 이를 번역하여 막시라 한다. 개미나 말벌, 벌은 막시목에 속하지만 흰개미는 개미와 달라서 등시류에 속하며, 차라리 개미보다는 되레 귀뚜라미나 사마귀와 더 가깝다.

잘 알다시피 개미는 여왕개미, 수개미, 일개미, 병정개미 등여러 계급이 있으며 전형적인 사회생활을 한다. 크기는 여왕개미가 가장 크고 수개미, 일개미의 순서로 작아진다. 수명은 여왕개미는 보통 30년, 일개미는 1~3년이며, 수개미는 단지 몇 주간만 살고 죽는다. 가엽게도 천덕꾸러기 개미 수컷도 일찍 생을 마감한다.

개미 몸은 머리, 가슴, 배 세 부분으로 뚜렷이 나누어지며, 가슴 부위에 길쭉한 다리가 3쌍 붙어 있고, 끝에는 갈고리가 난 발톱이 있어 기어가거나 매달리는 데 쓴다. 2개의 큰 겹눈(복안)과 3개의 작은 홑눈, 그리고 가는 더듬이가 2개 있으며, 더듬이에서 온도, 기류, 페로몬 냄새 등을 감각한다. 알, 애벌레, 번데기, 어른벌레의 한살이를 갖는 완전탈바꿈을 하고, 열대지방의 개미는 일 년 내내 활동하지만, 추운 지방의 개미는 겨울에 활동을 멈추고 겨울잠을 자야 한다.

개미와 벌은 동일한 조상에서 태어났지만 벌은 하늘을 날아오르고, 개미는 땅에 터전을 잡고 살기에 이르렀다. 개미가 벌처럼 독침을 쏜다고 하면 여러분들은 믿겠는가. 일개미는 침으로 바뀐 산란관으로 먹이를 잡거나 방어를 한다. 실제로 필자도 미국 LA 근교에서 냅다 한 방 당한 적이 있다. 우리나라에도 침개미아과亞科의 일본침개미*Pachycondyla javana*, 침개미*Ponera japonica* 등 여러 종이 있다고 하는데, 이것만 봐도 개미와 벌이 얼마나 가까운 사이인가 짐작이 간다. 그러나 개미는 침을 시나브로 잃고 대신 턱이 발달하여 그것으로 먹이를 잡거나 운반하는 일을 하게 되었으니, 그래서 '깨무는 놈'이란 별명을 얻게 되었다.

세계적으로 1만 2000여 종이나 되는 개미는 1억 2천만~1억 7천만 년 전에 지구에 등장하였다고 하며, 특히 열대지방에 많고, 남극과 그린란드, 아이슬란드에는 개미가 없다고 한다. 우리나라는 90여 종의 개미가 살고 있는데, 그중에서 제일 덩치가 큰 일본왕개미*Camponotus japonicus*를 가장 흔히 볼 수 있다. 총중에 제일 작은 축에 드는 애집개미*Monomorium pharaonis*의 일개미는 체장이 2~2.5밀리미터에 지나지 않고 집안에 살며, 여왕개미가 여럿이라서 그토록 퇴치가 어렵다 한다.

여왕개미는 대체로 맑고 따뜻한 오뉴월께, 다소간 바람기가 있는 날을 '신혼 비행' 하는 잔칫날로 잡고 집 밖으로 나와 암내를 풀풀 풍긴다. 이 집 저 집, 주변의 모든 집 수개미들이 여왕개미가 뿜어낸 페로몬에 홀려서 웅성웅성, 앉았다 섰다, 안절부절 못한다. 여왕개미는 뒤뚱뒤뚱 무거운 몸을 이끌고 높은 나무나 바위에 기어오른다. 드디어 여왕개미가 공중을 날듯 뛰어내린다. 바람을 타고 솟아오른 여왕개미는 '신혼 여행', 처음이자 마지막인 애절한 사랑 여행을 한껏 즐긴다. 한순간 수놈들이 혈안이 되어 구름처럼 모여들어 티격태격 돌진하여 비호같이 여왕과 짝짓기를 한다. 몽땅 다 합쳐봐야 1~10마리의 수컷만이 교미를 한다고 하니 "하늘의 별 따기"란 말이 여기에 해당하리라.

여왕개미는 수놈과 붙은 채로 땅바닥에 지그재그로 살포시 떨어진다. 그리고 땅에 닿자마자 날개를 돌이나 나뭇가지에 비벼 잘라버린다. 장렬한 버림이요, 생명의 끈질김과 경이로움이 느껴지는 대목이다! 그러고는 눈에 불을 켜고 주변을 살피다가 여기다 싶은 땅을 찾아 파고들어 여남은 개의 알을 낳는다. 홀로 그것들을 정성껏 키워 새 집안을 일구어나가니, 말해서 자수성가, 즉 빈손으로 시작하는 단출한 살림이다. 이것들이 커서 밖에 나가 먹이를 물어오고……. 여왕개미는 더 많은 알을 재빨리 낳아 식구를 잔뜩 늘려나가지만, 이렇게 성공할 확률은 고작 1000분의 1에 지나지 않는다고 한다. 밭에 여태 없었던 어설프다 싶은 개미집이 생기고, 둘레에 낯선 일개미들이 얼쩡거리는 것을 어렵잖게 종종 보는데, 이는 일단 성공한 경우이다. 그리고 실제로 개미 애호가들은 따뜻한 봄날에 여기저기 서성거리는 몸집 큰 여왕개미를 잡아다 개미집에 넣어 키운다. 그런데 어떤 개미 무리는 꿀벌처럼 여왕개미가 새끼들을 데리고 분가하는 수도 있다 한다.

여왕개미는 반드시 딴 집의 수개미와 짝짓기를 하고, 그때 여러 수컷에게서 최소한 2억 개 이상의 정자를 받아 저정낭에 넣어뒀다가 평생 번갈아가면서 열고 닫는다. 여왕개미 한 마리가 한생에 1억 5000만 개의 알을 낳을 수가 있다고 하니, 야, 다산이다! 여왕개미가 저정낭을 열고 알을 낳으면 정자와 난자가 수정하여 수정란이 되어 여왕개미와 일개미가 되지만, 주머니주둥이를 닫고 낳으면 미수정란으로 수개미가 된다. 이렇게 미수정란이 수컷이 되는 생식을 처녀생식 또는 단위생식, 단성생식이라 한다. 따라서 여왕개미와 일개미는 염색체가 배수체(2n, 32개)이지만 수개미는 반밖에 되지 않는 반수체(n, 16개)이다.

개미나 벌은 근면 성실의 상징인 동물이다! 그렇다면 그들은 하루에 몇 시간이나 일을 하는 것일까? 대부분 개미가 하루에 8시간 일을 한다지만, 하루에 4~6시간만 일을 하고 나머지 시간은 일을 하는 둥 마는 둥 빈둥빈둥 노는 놈도 있단다. 그것도 약 20~30퍼센트만 죽자고 일을 한다고 하니 거기도 놈팡이들이 있긴 매한가지이다.

그들은 먹이 사냥을 멀리 200미터까지 발바닥에 불이 나게 간다. 개미들이 오고 가는 거리는 발자국을 헤아리는 보행 계측기나 움직이는 물체를 이용하여 재고, 방향은 태양을 따른다고 한다. 개미는 냄새로 말을 한다! 사냥을 끝내고 돌아오는 길에 꽁무니를 땅바닥에 질질 끌면서 화학물질을 분비하여 흔적을 남기니 그것을 '냄새 길'이라 한다. 물고 온 먹이를 대뜸 맛본 친구들은 초행길이지만 어렵지 않게 길을 따라가 먹이가 있는 곳으로 달음박질친다. 그런데 그 물질은 휘발성이 있어서 잠시 후 냄새가 날아가고 만다. 만일 그렇지 않았다면 개미들이 마냥 같은 길을 갈팡질팡 쏘다니며 헛걸음을 할 뻔했다. 그리고 옮겨올 먹이가 다 떨어지면 더 이상 흔적을 만들지 않는다고 한다. 거참, 함부로 얕볼 개미가 아니로다! 또 길을 만드는 페로몬도 있지만 적이 쳐들어오는 것을 알리는 경보 페로몬도 있다. 이렇게 개미의 의사소통 수단은 원천적으로 페로몬인데, 일부는 청각과 촉각도 관여한다 하니 저편과 이편을 더듬이로 문질러보고 알아낸다.

'신이 준 선물'이라는 버섯을 개미가 키운다! 중남미에는 버섯 농사를 짓는 별난 개미가 200여 종이나 있다고 하니 그런 개미를 '버섯개미'라고 한다. 동물의 배설물이나 썩은 시체에 홀씨(포자)를 뿌려 버섯을 키우는 녀석들도 있지만, 잎을 잘라 발효시켜 버섯을 키우는 '잎꾼개미'가 유명하다. 그것들이 물고 있는 이파리의 무게는 사람의 체중과 대비하면 무려 300킬로그램에 해당한다고 하는데, 그 무거운 것을 이영차, 이영차 둘러메고 달려가는 초능력의 소유자들! 잎꾼개미들은 일개미들이 가져온 잎을 잘게 차근차근 썰어서 발효실에 펴놓고는 잘근잘근 씹어 침을 바른다. 그러면 또 다른 일개미가 옆방에 자라는 균사菌絲를 물고 와서 하나하나 그 위에다 심는다. 이렇게 개미와 버섯이 함께 살아가는 것을 '개미 버섯 공생ant-fungus mutualism'이라 한다.

더 놀라운 것은 개미 몸에 붙어 있는 공생세균의 항생제가 버섯을 해코지하는 세균의 번식을 막는다고 한다. 찰떡궁합이 따로 없다. 우리 피부에 살고 있는 세균들이 해로운 세균이 달려들면 당장에 물리치는 것도 같은 원리이다. 제 삶의 터전을 빼앗기지 않으려는 것. 그러므로 피부에 비누칠을 너무 많이 하거나 수건으로 빡빡 문지르면 이로운 세균이 질색한다. 안타깝게도 사람들이 그것도 모르고 청결하게 한다고 과하게 살갗을 괴롭힌다. 필자는 평생 발가락 사이와 겨드랑이, 사타구니에만 살짝 비누칠을 하고 여기에 되도록이면 얼굴도 맹물로 씻는 '무식한 사람'이다.

이제 개미의 목축업 이야기이다. 개미와 진딧물의 공생 말이다. 필자는 해마다 손길을 바쁘게 놀려 알량한 고추 농사도 좀 짓는데, 이마저도 약을 치지 않기에 고추나무 가지에 새까맣게 버글버글 북적대며 진을 모조리 빠는 진딧물과 노린재들 때문에 눈에 천불이 난다. 주렁주렁 홍고추 열리는 무렵이면 탄저병으로 깡그리 푹푹 썩어 나자빠지니 김이 팍팍 새고 말짱 도루묵이다. 사면초가요, 다윗과 골리앗의 싸움이라고나 할까. 난공불락難攻不落, 달리 어떻게 손쓸 재주가 없다. 오기가 나서 진딧물이 생긴 그루에만 농약을 마구 쏘아 잡는다. 그럼 그 작은 진딧물이 군데군데 끼는 것을 어떻게 아는가? 고추나무 하나하나를 기웃거리며 눈에 불을 켜고 대충 스치듯 주사走查한다. 엉뚱하게도 개미 때문에 들통난 진딧물! 보라, 맛날 단백질 덩어리 진딧물을 잡아먹지 않고 애써 보살핀다. 무당벌레나 풀잠자리 같은 다른 곤충들이 둘레에 개미가 두리번두리번 얼쩡거리면 겁이 나 진딧물 근방에 오지 못한다. 그뿐만 아니라 한곳에 진딧물의 개체 수가 너무 늘면 그놈들을 물어 다른 식물로 옮겨주기도 한다.

세상에 어디 공짜 있던가? 개미가 진딧물의 똥구멍을 살살 간질거리면 진딧물은 단물을 찍 갈겨주니 개미는 그것을 맛있게 받아먹는다. 사료나 풀 먹여 키운 젖소에서 젖을 짜 먹는 것이나 별반 다르지 않다. 개미와 진딧물이 같이 지내는 시간은 하루의 14퍼센트인데 단물의 84퍼센트를 이들이 같이 있는 때 만들어 낸다고 하니, 단물을 만드는 목적이 그것을 고스란히 개미에게 주기 위함이라는 것. 결국 개미 놈들이 내 고추밭에 진딧물을 들끓게 하는 것이다. 한데 외국 개미 중에는 뿌리 가까운 곳에 흙집을 지어놓고 그 안에다 진딧물을 키우기도 한단다. 실은 개미는 진딧물만이 아니고 뿔매미, 매미충, 깍지벌레 같은 매미목의 곤충들을 보호해주고 단물을 얻는 더부살이를 한다. 하지만 이렇게 농사나 목축만 하는 것이 아니라, 피의 보복 끝에 적군 개미를 생포해와 노예로 삼는 무리도 있다고 한다. 덧붙여, 우리나라도 한때 불개미*Formica yessensis*가 정력에 좋다 하여 잡아먹은 적이 있다지만, 곤충 먹기로 이름난 태국이나 멕시코는 개미 알도 거리낌 없이 싹쓸이한다.

필요 없는 생물은 만들어지지 않는다고 했다. 전체 식물의 약 9퍼센트 가까이가 씨앗 퍼뜨리기를 개미에 의존한다고 한다. 무슨 말인고 하니, 애기똥풀이나 제비꽃, 피마자의 씨앗 끝에 붙어 있는 젤리처럼 생긴 작은 살점인 엘라이오좀elaiosomes에는 지방질이 듬뿍 들어 개미들이 좋다고 꾄다. 개미는 씨앗을 물고 가고것만 똑 떼어 유충들에게 먹이고 씨앗은 후딱 버려버린다. 그리스어로 élaion은 oil이고 sóma은 body인데 어쨌거나 식물은 이 엘라이오좀을 미끼로 씨를 방산放散하니 이를 '개미 식물 공생myrmecochory'이라 한다! 복잡다단한 개미의 세계를 간신히 한 구석만 본 것이 이 정도이다!

+ 개미와 조상이 같은 벌

벌과 개미는 조상이 상당히 가까운 곤충으로 다 같이 벌목에 들며, 날개가 얇고 투명하다 하여 막시류라 부른다. 그런데 '사음수성독 우음수성유蛇飮水成毒 牛飮水成乳'라 "같은 물이라도 뱀이 먹으면 독이 되고 소가 마시면 젖이 된다"고 했다. 그럼 벌이 이슬을 빨면? 그렇다. 꿀이 된다! 똑같이 '시간이라는 물'을 받아먹고 살면서도 성공한 사람과 실패한 이가 갈리니 전자는 부지런하였으나 후자는 게을렀던 탓. 실패의 반은 게으름에 있다. 역사役事에 바쁜 벌은 슬퍼할 틈조차 없다고 한다! 매일을 인생의 마지막 날처럼 살아가는 꿀벌에서 한 수 배운다.

벌 하면 응당 꿀벌을 떠올린다. 꿀벌의 학명은 *Apis mellifera*이며 30여 아종亞種이 세계적으로 분포한다. *Apis mellifera*에서 *Apis*는 '벌'이란 뜻이고, *mellifera*의 *melli*는 '꿀', *fera*는 '가짐'

을 뜻하는 것으로 '꿀을 가진 벌'이란 의미이다. 꿀벌은 여왕벌, 일벌, 수벌이 분업을 하기에 계급이나 체계를 철저하게 지킨다. 즉, 계급제도를 영위하며 사회생활을 하는 곤충이다. 한데 꿀벌 한 통에 4만~8만 마리가 욱실거리고 있다 하니 한 가족치고는 엄청난 식구이다.

꿀벌의 암수 성 결정은 성염색체가 결정하지 않는다! 염색체가 배수체인 여왕벌은 염색체가 반수체인 수놈과 교미를 한다. 여왕벌이 정자를 저장한 주머니(저정낭)의 아가리를 꽉 닫아 놓고 알을 낳으면 그 알은 정자와 수정을 하지 않은 미수정란이다. 이 알은 n 상태인 수벌이 되니, 앞서 말했듯 이런 발생을 단성생식, 단위생식 또는 처녀생식이라 한다. 다시 말하지만 수벌의 염색체는 다른 여왕벌이나 일벌의 반수이다! 그런데 여왕벌이 저정낭을 열고 산란을 하면 정자가 흘러나와 난자와 수정하는 양성생식을 하여 수정란이 되고, 이 알은 유전적으로 똑같은 여왕벌과 일벌이 된다. 묘한 일이 벌어진다! 처음 유생 시기 3일간은 일벌이나 여왕벌이 될 놈 모두에게 왕유royal jelly를 먹이지만, 그다음에는 일벌에겐 하나같이 잡스러운 꽃가루나 꽃물, 또는 허름한 묽은 꿀 따위의 내키지 않는 허접스러운 것만 먹여 구박하고 박대한다. 그러나 여왕벌은 최상급의 고급 먹이인 왕유를 꾸준히 준다. 칙사勅使 대접에 호의호식好衣好食 호강하는 여왕벌은 재빨리 자라며 서둘러 번데기로 바뀌고 벼락같이 성숙해진다. 여왕벌이 기거할 집을 '왕대王臺'라 부르니 당연히 보통 것보다 넓고 깊게 짓는다. 무섭다. 잘 먹고 남다른 보살핌을 받은 것은 여왕벌이 되고, 그렇지 못한 것은 평생 일이나 해야 하는 못난이 일벌이 된다니 말이다! 언제 어디서나 늘 말하지만 "삼대를 잘 먹여야 장골壯骨이 난다!" 사람이나 벌이나 어릴 때의 양생養生이 평생의 건강을 결정한다는 말이다.

꿀벌은 변온동물이라 기온이 적당해야 날 수 있으니, 꿀 사냥을 나가기 전에 온몸을 벌벌 떨어 체온을 올린다. 꽃을 찾아 나는 데 최소한 22~25도는 돼야 하며, 7~10도 이하에서는 거동을 못 하고, 38도에서는 행동이 아주 둔해지며, 50도 이상에서는 짧은 시간 안에 죽는다. 추운 겨울에는 빼곡히 떼를 지어 방 온도를 20~22도까지 올린다.

여왕벌은 수벌과 짝짓기를 하거나 새 가정을 이루기 위해 집을 나설 때를 제외하고는 늘 구중궁궐에 머문다. 일벌은 몇 주만 살고 죽지만 여왕벌의 수명은 3~4년이다. 또 여왕벌이 늙으면 저정낭에 저장한 정자가 고갈되어 미수정란을 낳기 일쑤라 양봉하는 사람들은 1년만 지나면 여왕벌을 갈아 치운다고 한다. 그런데 저절로 새 여왕벌이 생겨나니, 첫째, 알 낳을 집이 다 차서 새끼를 더 칠 집이 없는 늙은 여왕벌이 일벌의 반을 데리고 나갔거나, 둘째, 늙어빠진 여왕벌이 냄새나는 여왕 페로몬을 충분히 내놓지 못하게 되었거나, 마지막으로 여왕벌이 갑자기 죽었을 때이다.

흔히 신랑 신부가 첫날밤에 자는 잠을 꽃잠이라 한다지. 아무튼 갓 태어난 어린 여왕벌은 날씨나 풍향을 잘 챙겼다가 이때다 하고 밖으로 날아간다. 다른 집들의 수벌들도 꼬마 여왕벌이 뿜은 냄새를 맡고 들떠 서둘러 날아와 약 9미터 높이의 공중에서 무리를 지어 짝짓기를 하는데, 여왕벌은 저정낭에 정자가 가득 차지 않으면 여러 번 그렇게 반복하여 정자 탱크를 한가득 채운다. 드디어 알을 낳기 시작하니, 많이 낳는 날은 하루에 자기 몸무게보다 더 무거운 2500여 개를 낳는다고 한다. 평생 알만 낳다 죽는 '알 낳는 기계'인 여왕벌의 운명을 부러워할 수만 없다 하겠다. 그러나 모든 생물들의 종족 보존 본능 하나는 알아줘야 한다! 사람도 예외일 수 없는 것.

햇살이 따스한 늦봄이다. 벌들의 동정이 예사롭지 않다. 보통 때와는 아주 다르게 앞마당의 단감나무에 벌들이 어수선하게 분분紛紛하다. 발칵 뒤집어졌다는 말이 옳다. 온통 바글바글, 웅성웅성 요란스러우니 말 그대로 야단법석이다. 아하, 이윽고 꿀벌이 분봉分蜂하는구나. 식구가 가득 늘어나니 그 일부가 집 나갈 채비를 하고 있는 것. 작년 장마에 두꺼비 놈들에게 그렇게 잡아

먹히고도 저렇게 늘었으니 장하다. 벌들이 집 나가게 생겼다는 나의 말에 가슴이 철렁, 허겁지겁 달려온 어머니는 부랴부랴 기둥에 주렁주렁 걸어둔 마른 쑥을 찾고 박 바가지 안에 꿀을 바르고⋯⋯. 정신없이 바쁘다.

겁쟁이인 나는 벌에 쏘이는 것이 두려워 먼발치에서 전전긍긍, 겁이 덜컥 나고 주눅 들어 벌과 눈조차 마주치지 않고 멀찌감치 쪼그리고 앉아 동정만 살핀다. 어느새 어머니는 나무에 사닥다리를 걸치고 단숨에 오르신다. 서너 길 되는 나무 위에는 이미 공마냥 둥그런 벌 뭉치가 나뭇가지에 아슬아슬하게 뒤룽뒤룽 매달려 있다. 덕지덕지 달라붙은 일벌 떼가 여왕벌을 오밀조밀 겹겹이 뭉쳐놓은 것이다. 마구 다그치지 않아도 쑥 연기를 피워 다독이면 벌 뭉치가 스르르 박 바가지 쪽으로 밀리다시피 한다. 신기하도다! 어느덧 꿀 냄새를 물씬 풍기는 박 바가지 안으로 벌 떼가 고분고분 줄기차게 방향을 튼다. 거의 모두가 똘똘 뭉쳐 에워싸고 있으나 몇몇 놈은 둘레를 돌면서 적의 침입을 경계한다. 이제 됐다 싶으면 어머니는 벌이 든 바가지를 들고 내려오신다. 통나무 안을 파낸 벌통 위에 바가지를 조심스레 덮어서 양지바른 곳에 자리를 잡아주고야 손을 터신다.

그런데 분가하여 나가는 여왕벌은 새끼 여왕벌이 아니고 산전수전 다 겪은 백전노장인 어미 여왕벌이렷다! 세상살이에 서

툰 자식은 본가에 두고 스스로 험한 길을 나선 어미 여왕벌! 만시지탄晩時之歎이라, 가끔은 홀대나 한 것처럼 달래도 말 안 듣고 저 멀리 산 쪽으로 도망을 가는 수가 있으니, 그런 벌을 '석벌'이라 하고, 석벌이 나무나 바위 틈새에 둥지를 틀고 살아서 거기에 친 자연 꿀을 '석청石淸'이라 한다. 두루 섭렵하여 살 만한 곳을 미리 눈독 들여놓은 곳이 있었기에 날아가는 것이 아닐까, 그게 사뭇 궁금하다.

꿀벌은 다른 동물을 한 방 쏘고 나면 자신도 바로 죽는 끝장 승부를 본다고 들었는데, 꼭 그렇지는 않다고 한다. 원래 암컷이었던 일벌의 수란관이 변해 벌의 독선과 함께 독침이 되기에 수컷은 벌침이 없다. 다른 벌 무리와는 달리 꿀벌의 침에는 낚시미늘 같은 가시가 많이 나 있어 상대를 쏘면 꿀벌 몸에서 빠져버리고 만다. 그런가 하면 아비의 정자 없이 오직 어미의 난자에서 처녀생식으로 발생한 반수체인 수벌은 몇 안 되며, 몸 색이 거무스름한 것이 꿀 따러 가지 않고 팽팽 놀다가 이른 봄 여왕벌과 '혼인 비행'을 하고는 퍼뜩 죽어버리는 수벌도 있다고 한다. 그래도 그놈들은 행운아였다! 집에 머물던 놈들은 겨울이 오기 전에 집에서 전수 쫓겨나 굶어 얼어 죽고 만다. 불현듯 가슴이 철렁한다. 눈칫밥 얻어먹다 고려장 당하는 낙오자 수벌의 신세가 홀연히 노쇠한 이 늙다리 처지로 비치는 까닭은? 알다가도 모를 일이요, 웃을 수도 울 수도 없는 노릇이라…….

벌집에 낳은 알은 애벌레가 되고, 늘 집 안에 머무는 유모 일벌이 그놈들을 애지중지 키운다. 애벌레는 약 1주일 후에 번데기가 되어 벌집 아가리를 틀어막고, 그다음 1주일 후에는 성체가 되어 나온다. 깨어난 일벌은 처음 열흘간은 집 청소를 하고 새끼를 키우다가 16~20일 뒤에는 화분을 받아 집을 짓고 그 집에다 꿀물을 꾹꾹 눌러 담는다. 벌은 건성으로 일하는 법이 없고 꼼꼼하기 그지없다. 20일이 지나면 생전 처음 집을 나가 번개처럼 동분서주, 꿀과 꽃가루 사냥으로 평생을 보낸다. 그런데 묽은 꽃물이 먹음직한 꿀물로 바뀌는 데는 벌의 신통력이 있어야 한다. 벌은 80퍼센트가 수분인 꽃물을 제2위胃에 잔뜩 집어넣고 집으로 돌아와 30분간 효소로 꽃물의 당분을 분해한다. 그다음 이를 토해내 빈 벌집에 채우고 날개를 흔들어 말리니 물이 20퍼센트까지 줄어든다. 그러고는 밀랍으로 집을 틀어막아 꿀을 보관하는데 진득진득한 꿀은 썩지 않는다. 꿀이 상하는 것을 본 적이 있는가? 시간이 지나면 벌집 안의 벌꿀이 결정화crystallized honey 되기도 하는데 이것은 폐기 처분하고 액체 상태인 꿀만 보관한다고 한다.

설명을 좀 덧붙이면, 벌꿀은 꿀벌이 꽃에서 채집한 달콤한 물질을 꿀벌의 효소로 분해한 포도당과 과당의 혼합물(단당류)인 데 반해 설탕은 포도당과 과당이 화학적 결합을 한 이당류이다. 이 때문에 설탕은 별도의 분해 과정이 필요하므로 꿀이 설탕보다 훨씬 흡수 속도가 빠르다. 이러한 이점 외에도 꿀에는 각종 비타민, 무기질, 단백질이 많이 함유돼 있어 피로 해소 등에 좋다.

꿀은 포도당과 과당 등의 당류가 약 80퍼센트나 되는데 당 함량이 높으면 미생물이 생육하기 어렵다. 꿀은 잘 썩지 않는다는 말이다. 그런데 앞서 말했듯 꿀을 오래 보관하면 흰 결정이 생길 때가 있다. 이 결정체는 벌꿀의 성분 중 과당보다 포도당이 많으면 포도당이 벌꿀 용액 바깥으로 빠져나와 생성되는 것으로, 밀원의 종류, 꿀의 저장 온도 등과도 연관이 있다고 한다.

1킬로그램의 꿀을 얻기 위해서는 물경 560만 개의 꽃을 이 잡듯 뒤져야 한다고 한다. 땀은 거짓말을 하지 않는다! 벌은 봄부터 가을까지, 꼭두새벽부터 땅거미가 내릴 때까지 역사한다. 발바닥에 불이 나도록 살아가는 벌들의 부지런함을 배울 것이요, 이 지구는 모름지기 눈코 뜰 새 없이 부지런하게 일하는 동물의 차지임을 알자. 게다가 "티끌 모아 태산"의 의미도 음미하고 궁구해볼 것이다!

여러분은 아는가, 벌은 꿀을 따지만 꽃에 상처를 남기지 않는다는 것을! 벌은 정녕 고마움을 아는 동물이다. 꽃가루(화분花粉)는 꿀을 모으다가 덤으로 얻는다. 저 아래에 있는 꽃의 꿀샘에 깊숙이 머리를 처박다 보면 전신에 가득 나 있는 부숭부숭한 털에 꽃가루가 잔뜩 들러붙기 마련이다. 그러면 양쪽 뒷다리에 옴폭 들어간 꽃가루주머니에다 가루를 쏙쏙 쓸어 모아 꼭꼭 짓눌러 노란 경단을 만들어 가져온다. 단백질이 많이 든 꽃가루는 어린 것들을 기르는 데 먹이로 쓴다. 또한 벌은 풀잎이나 과일의 겉껍질에서 수분을 방지하는 밀랍을 긁어모아 와 그것을 뭉개고 펴서 육각형의 벌집을 짓는다. 또 나무순이나 수액 등에서 모은 수지樹脂 혼합물인 프로폴리스로 벌집의 틈을 메울뿐더러 썩지 않게도 하는데, 양봉하는 사람들은 여분의 꽃가루와 프로폴리스를 모아 건강 보조 식품으로 판다. 벌집은 육각형이기에 가장 적은 재료로 아주 단단한 집을 지을 수 있고, 많은 꿀을 저장할 수 있다는 장점이 있다. 벌들이 어찌 기하학과 건축학을 똑똑히 알고 저렇게 멋진 집을 깐깐하게 짓는 것일까. 자연계는 누가 뭐래도 신비로움 덩어리요, 그래서 자연을 잘 모방하면 멋진 창조물이 탄생한다. 독일의 파버 카스텔Farber Castell 회사는 250년 역사의 유명한 연필 제조 회사이다. 이 회사는 8대로 가업을 이어오고 있다 하는데 처음으로 짙기B와 강도H를 세분화하였고, 6각형의 연필을 만들었으며, 반 고흐도 이 집 연필로 스케치를 했다 하지 않는가. 두말할 필요 없이 꿀벌의 집을 본떠 만든 것으로 삼나무가 적게 들고, 연필이 야물고 잘 부러지지 않는다.

그나저나 벌이 밀원이 있는 곳을 어찌 알고 달콤한 꿀을 따러 가는 것일까? 그 영문을 알고 싶어 했던 사람이 있었다. 꿀벌은 몸짓으로 말한다. 1973년에 프리슈Karl von Frisch는 천신만고 끝에 얻은 벌들의 행동 연구로 노벨상을 받는다. 어떻게 벌들이 서로 정보를 교환하는가에 대해 호기심과 의문을 가지고 집요하게 헤쳐나간 덕분에 큰 상을 받은 것이다. 꿀벌들이 뭘 어떻게 하기에 20리나 멀찌감치 떨어져 있는 곳의 꽃들을 어쩜 그리 귀신같이 찾아갔다 허겁지겁 잰걸음에 되돌아온단 말인가? 프리슈는 벌들이 좀 색다른 짓을 하는 것을 알게 되었다. 마수걸이로 이제 막 꿀과 꽃가루를 따와 몸에서 꿀 냄새, 꽃향기를 흠뻑 풍기는 놈의 둘레로 친구 벌들이 모여들면, 그 녀석은 엉덩이를 흔드는 꼬리 춤을 추며 8자 모양을 그린다. 어라! 필시 무슨 까닭이 있으리라. 분명 불을 댕겨 꿀 사냥을 재우치려 하는 것이다. 어떤 때는 빠르게, 또 어떤 때는 느릿느릿 8자형으로 돈다! 두리번거리며 딴청을 부리던 놈들도 얼마 동안 냉혹한 눈빛으로 쳐다보고 있다가 알았다는 듯이 속속 머뭇거림 없이 후딱 내뺀다. 이윽고 프리슈는 꿀벌이 꽃의 방향과 거리를 친구에게 알리고 있다는 것을 읽게 되었다. 만일 아래위로 빨리 오르락내리락하면 태양이 있는 쪽에 꽃이 있고, 또 그 방향으로 60도로 가면서 춤을 추면 그 쪽에 꽃이 있다는 얘기다! 그리고 이따금 둥글게 원무

圓舞를 추니 3초 만에 한 바퀴를 돌면 먹이가 1킬로미터 근방에, 아주 천천히 8초 동안 한 바퀴를 돌면 8킬로미터 근방에 꽃밭이 있다는 신호라는 것. 이렇게 프리슈는 꿀벌들이 춤을 추는 방향과 속도에도 비밀이 있음을 밝혀냈다.

+ 나불나불 난다고 '나비'라 부르는 것일까

나불나불 하늘을 날기에 '나비'란 이름을 얻었을까? 꽃이 고와야 나비도 벌도 모이듯 사람도 마음씨가 곱고 예뻐야 다른 이들이 따르는 법. 그 예뻤던 꽃이 이울면 나비도 되돌아간다고 한다. 생뚱맞게도 초봄에 흰나비를 보면 어머니가 죽는다고 하여 흰나비를 보고서도 마지못해 "아니야, 아니야, 노랑나비 봤어" 하고 체머리를 절로 흔들었지. 그럼 고양이를 종종 나비라고 부르는 것은 고양이의 행동이 살금살금, 자연스럽고 부드러운 탓일까?

북한에서는 나비를 '낮나비', 나방이를 '밤나비'라 부른다고 하는데 일리가 있어 보인다. 우리말 다듬기는 누가 뭐래도 북한이 우리보다 한 수 위다. 나비는 몸이 가느다란 원통형이다. 또한 가늘고 끝이 부푼 더듬이가 있으며, 앉을 때는 날개를 포개 세운다. 반면에 나방이는 몸통이 굵고, 날개가 작은 편이다. 더듬이는 끝자락이 빗살 모양으로 가지 친 굵은 채찍 모양이고, 앉을 때는 날개를 쫙 편다. 결국 조상은 같으나 서로 다르게 진화하여 나비는 주행성으로, 나방이는 야행성으로 바뀌었다.

'한국 나비의 아버지'라고 일컫는 석주명(1908~1950) 선생은 짧은 생애 동안 60만 마리가 넘는 나비를 채집, 관찰하여 128편의 주옥 같은 논문을 발표하고 나비 연구의 터전을 닦으셨다. 공든 탑이 무너지랴! 나비는 어림잡아 세계적으로 2만 종이 알려져 있으며, 그중 남북한에 서식하는 것은 총 5과 264종이고, 이 중 북한에서만 사는 것이 54종이다. 그러므로 남한에서는 210종 가까이를 볼 수 있다.

나비는 절지동물 곤충강 인시목Lepidoptera에 속한다. 낮나비와 밤나방 모두 같은 인시목으로, 나비를 잡아보면 날개의 비늘가루가 손에 한가득 묻으니, 현미경적인 비늘은 지붕의 기왓장을 포개놓은 듯 날개 겉을 깔고 있다. 다시 말하면 Lepidoptera에서 Lepido는 '비늘', ptera는 '날개'란 뜻이다.

붉은 꽃잎은 빨간빛만 반사하고 다른 것은 모두 흡수해버리는 색소를 가졌지만, 나비의 날개는 색소가 없이도 빛을 내는 구조색을 띤다. 이를테면 하나의 비늘에는 나노미터(10억분의 1미터)의 층층이 쌓인 구조물이 한가득 있다. 이 구조물은 햇빛 중에서도 특수한 색의 빛만 반사하고 다른 색의 빛은 모두 흡수하는데, 이런 나노 구조물을 광결정光結晶이라 하고, 이런 기하학적 형태를 광구조光構造라고 한다. 색소가 내는 색깔은 색소와 햇빛의 상호작용에 의한 것이기에 색소의 크기나 모양에 관계가 없지만, 광결정의 경우에는 그 배열이 변하면서 내는 색이 달라진다. 또 색소에 의한 색깔은 모든 각도에서 봐도 같지만, 광결정은 각도가 다르면 약간씩 다른 색으로 보인다. 다시 말하면 나비의 날개를 손으로 문질렀을 때 금방 무색이 되는 것은 비늘의 나노 구조가 파괴되어 본래의 색이 사라진 탓이다. 아리따운 꽃잎이 생화학적인 색소를 품어 색을 발한다면, 펄렁이는 나비의 날개는 물리학을 싣고 다닌다! 이런 광구조를 지닌 것은 나비뿐만 아니라 조개껍데기(안쪽 진주층)나 공작의 깃털, 오팔과 같은 보석들도 있다. 노랑나비가 노란 것은 노랑 색소 때문이 아니고 광구조를 지닌 광결정 때문이라는 말이다.

나비는 다른 곤충들처럼 머리와 10마디의 배, 3쌍의 다리와 날개 2쌍이 붙은 가슴, 이렇게 세 부분으로 이루어진다. 2개의 복안複眼을 가지며, 날개의 모양이나 색깔, 무늬 등 제2차 성징으로 암수 구별이 쉽다. 일반적으로 암컷은 배가 몸길이에 비해 통통하고 굵지만, 수컷은 가늘다.

끝이 갈고리 모양이거나 뭉툭한 꼴인 더듬이는 많은 감각털이 붙어 있어 향기, 바람, 꽃물을 알아낸다. 나비는 앞다리의 첫 발목마디에 있는 화학물질 감지기로 맛을 보기도 하며, 알 낳을 잎이 새끼 애벌레가 먹을 수 있는지도 알아낸다는데, 맛을 느끼는 감각이 사람의 200배나 된다고 한다. 페로몬으로 서로 의사소통을 하기도 하지만 시각이 무척 발달하였고, 몇 종은 예외적으로 천연색도 감지한다고 한다.

어떤 나비는 제가 낳은 알을 보호한다. 그런가 하면 나비도 다 제 길을 따라다니니 이를 접도蝶道라 하고, 딴에도 텃세를 하여 딴 놈이 영역을 침입하면 벼락같이 내쫓는다. 나비들은 자외선에 매우 예민하여 비늘에서 반사하는 자외선을 보고 동족을 알아내고 짝꿍도 찾는다. 한마디로 나비는 비늘로 말한다. 일례로 한풀 꺾인 늙다리 수놈 나비는 비늘이 벗겨지고 떨어져나가 자외선 반사가 흐릿하기에 암놈들이 본체만체하지만, 물 좋은 젊은 수컷의 튼튼하고 싱싱한 비늘은 번들번들 빛나기에 선뜻 암컷들이 앞다퉈 몰려든단다. 으레 사람이나 나비나 다 늙으면 어쩔 수 없이 정녕 불쌍하다.

난형이거나 구형인 알의 껍데기는 매우 딱딱한 코리온chorion이라 부르는 물질로 싸여 있으며, 그 위에 왁스가 묻어 알이 쉽게 마르지 않는다. 모든 알은 한쪽 끝에 깔때기 모양의 아주 작은 구멍인 난문卵門이 여럿 있기에 그리로 정자가 발버둥질하여 들어가 수정한다. 수정란은 강력한 특수 풀로 애벌레가 먹고 살 숙주 식물에 얌전히 딱 달라붙는다. 봄에 낳은 알은 몇 주 후에 유생이 되지만, 늦가을에 산란한 것은 숙주 식물에 붙어 월동하고 이듬해 봄에 비로소 부화한다.

유생은 움직임에 관여하는 3쌍의 다리가 가슴에, 6쌍의 앞다리는 배에 나니 이것으로 물체를 꽉 붙든다. 그리고 어떤 것은 머리가 부풀어 올라 뱀 꼴인가 하면, 어떤 것은 가짜 눈을 가져서 몸을 방어하는 효과를 노린다.

나비는 번데기 시기가 있는 완전변태를 하며, 나비의 애벌레는 여러 번의 허물벗기를 한 다음 마지막 종령 끝에 번데기로 변한다. 나비는 번데기 몸속에서 날개가 형성되고, 혈액이 많이 공급되면 부풀어 올라 번데기의 껍데기를 쪼개고 나온다. 이는 다른 곤충들의 탈바꿈과 다르지 않다. 처음 번데기에서 나온 나비는 날개가 완전히 펴질 때까지 날지 못한다. 피가 흘러가 날개를 펴면, 또 이를 말려야 날 수 있는데 보통 1~3시간이 걸린다고 한다. 날개돋이하는 이때가 천적에게 낚아채일 위험이 가장 높다. 나비나 나방이가 이렇게 우화한 다음에는 희거나 붉은 액을 단번에 말끔히 쏟는다.

같은 종이라도 서식하는 장소나 계절에 따라 모양이나 크기가 달라지니 이를 다형질화多形質化라 한다. 봄·가을의 것이 다른 계절형도 그 일종이고, 암수가 다른 것은 성적 이형성sexual dimorphism이라 한다. 계절형은 애벌레 시기의 온도와 일조시간이 관계가 있는 것으로 알려져 있다. 호랑나비, 배추흰나비, 제비나비는 번데기, 모시나비는 알, 상제나비는 애벌레, 네발나비나 남방노랑나비는 성충으로 월동한다. 또한 나비의 수명은 갈피를 잡을 수 없다. 산호랑나비는 고작 25~30일쯤이지만, 청띠신선나비는 250일을 산다.

나비가 생존하는 방법은 무척 다양하다. 첫째로, 몸에서 화학물질을 분비하여 포식자를 쫓으니, 나비는 유생 때 실컷 먹었던 식물의 독성물질을 성충이 돼서도 몸에 고스란히 갖고 있어 새 따위의 포식자가 접근하지 못하게 한다. 둘째로, 앞서 말했듯 날개에 뱀 눈을 닮은 안점을 가지고 있어 포식자를 피하는 놈도 있다. 그 밖에 주변의 환경과 비슷한 체색을 띠는 보호색을 갖거나, 나뭇가지나 이파리, 새똥 모양으로 위장하기도 하며, 부전나비과의 일종은 진딧물처럼 개미와 공생하는 등의 방어 방법을 동원한다.

그리고 나비와 나방이는 성충과 유충이 먹는 먹이도 다르다는 것을 눈여겨봐야 한다. 어미는 꽃물을 빨아 먹고 살지만, 애벌레는 배추나 무 같은 풀잎을 갉아 먹고 자라지 않는가. 그리하여 어미 자식 간에 먹이 다툼, 즉 종내 경쟁을 피해가는 것. 얼마나 오묘한 현상인가. 어미와 새끼가 생물이 생존하는 데 필요한 모든 것인 '먹이와 공간 다툼'을 피함으로써 훨씬 생존율을 높인다. 총명하고 영민하기 짝이 없는 나비로다! 또한 이것도 일종의 다형질화이다.

그렇다면 날개에 나 있는 눈알 무늬는 살아가는 데 어떤 도움이 되는 것일까? 눈알 무늬는 새들로 하여금 그곳을 쪼아 먹으라는 꾐이 될 수도 있다. 무슨 말인고 하니, 밥상에 오른 생선의 눈알을 제일 먼저 빼먹듯이 새는 벌레를 발견하면 제일 먼저 서둘러 눈을 쫀다. 그래서 날개 끝에다가 가짜로 만들어놓은 눈 무늬를 새가 쪼면 날개 일부가 다치더라도 그나마 살아남을 수 있다는 계산이다. 물고기들도 그와 같은 작전을 쓰지 않는가. 아하, 참 기찬 동물들이로군!

별나게도 철새처럼 떼를 지어 삶터를 옮기는 나비가 있으니, 바로 황제나비Monarch butterfly이다. 이 나비는 멕시코에서 미국을 거쳐 캐나다 남부까지 약 4000~4800킬로미터의 멀고 먼 길을 이동하는데, 낮에는 태양을 보고 방향을 잡고, 구름에 태양이 가리면 편광으로 감지한다고 한다. 인도에서도 그 종이 알려져 날개에 태그를 붙이거나 수소 동위원소를 써서 그들의 생태를 알아내기 위해 애쓰고 있다 한다.

대부분의 나비는 한 번만 짝짓기를 하기에 상대를 고르는 데 더욱 신중하니, 곧 서로가 튼튼한 유전인자를 가진 짝을 고르려 든다. 나비 중에서 애호랑나비 무리와 모시나비 무리는 교미 형태가 아주 가관이다. 수놈들이 암놈의 몸속에 정자가 묻은 아주 큰 영양 뭉치를 슬쩍 깊숙이 집어넣으니, 암컷은 이것으로 살 찌워 배태胚胎한다. 그런데 웬걸, 놀랍게도 거기에는 암놈으로 하여금 다시금 짝짓기 하고 싶지 않게 하는 성욕 억제제가 들었다! 그리고 그것은 처음에는 반투명하지만 좀 지나면 갈색으로 변하면서 금세 굳어져 바야흐로 암놈 자궁의 입구를 틀어막아 버리니, 흔히 하는 말로 이를 mating plug, 즉 '수태낭'이라 부른다. 이를 볼모로 삼아 다른 수놈들이 꿈도 못 꾸고 얼씬도 못 하게 암컷을 사로잡아두는 것이다. 실로 얼마나 이기적이고 의기양양한 수놈의 생식 행태인가. 딴 수놈과의 교미를 못 하게 하고 내내 제 씨만 퍼뜨리겠다는 수놈 나비의 해괴망측하고 고약한(?) 심보에 아연 혀가 내둘린다. 허나 수놈은 제 몸뚱이의 10퍼센트나 되는 영양물을 암놈에게 뚝 떼어준다. 자못 이보다 더 아름다운 사랑이 있을까? 뭇 남성들이여, 몸의 일부를 뚝 떼어 암놈에 바치는 수놈 나비의 헌신적인 사랑을 배우고 본받을지어다.

기상학자 에드워드 로렌츠E. Lorentz의 '나비효과'를 다 잘 안다. "브라질에 있는 나비 한 마리의 날갯짓이 미국 텍사스에서 토네이도를 일으킬 수 있다"는 이론 말이다. 두말하면 잔소리다. 모름지기 대수롭지 않고 사소한 것이라고 가벼이 얕보지 말 것이다. 때로는 아주 소소하고 미미했던 것이 나중에 가서는 퍽이나 큰 차이를 불러오는 법. 내친김에 푸치니의 오페라 「나비 부인Madame Butterfly」 중 '허밍 코러스Humming Chorus'를 찾아 들어 볼거나.

+ 지지리 못난 가여운 얼뜨기 거미 수컷들이여!

거미는 한자어로 지주(거미 지蜘, 거미 주蛛)이고 영어로는 spider 이다. 정원 따위에서 가장 쉽게 만나는 무당거미*Nephila clavata*를 포함하여 모든 거미는 절지동물문 거미강 거미목 거미과에 속한다. 거미는 약 4억 년 전에 이 지구에 등장하였고, 세계적으로 지금까지 알려진 거미만도 109과 4만 종이 넘는다고 한다. 가장 작은 거미 *Patu digua*는 몸길이가 0.37밀리미터이고, 가장 크고 무거운 것은 타란툴라tarantulas 무리 중 하나로 물경 체장이 90밀리미터이며, 다리 길이가 250밀리미터나 된다고 한다. 씨알이 많다 보니 가지가지 별놈이 다 있어서 뜀뛰기를 잘하는 jumping spiders는 제 몸길이의 50배를 훌쩍 뛴다고 한다.

거미는 주로 땅에 살며 남극권을 제외하고는 살지 않는 곳이 없다. 독한 녀석들은 고도 5000미터까지도 서식하고 있어 에베레스트 산의 6700미터에서도 발견되었다고 한다. 거미는 주로 곤충을 먹고 사는데, 이는 그 높고 추운 고도에도 분명히 다른 벌레들이 어렵잖게 산다는 증거이다. 그런가 하면 물가, 땅속, 동굴 안에까지도 침입하였으니, 거미는 분명 성공한 동물임에 틀림없다.

곤충과 비교하면서 그들의 특징을 보자. 첫째, 거미는 머리와 가슴이 하나 된 두흉부와 배 이렇게 두 부분으로 나누어졌으며, 두흉부와 배 사이가 가는 실린더 꼴인 페디셀pedicel로 이어져 개미 허리만큼이나 잘록하다. 둘째, 더듬이는 없지만 두흉부의 앞쪽에 작은 다리처럼 보이는 부속지인 각수脚鬚 1쌍이 있어 더듬이처럼 그것으로 만지고 잡는다. 셋째, 두흉부에는 다리가 4쌍 있고, 겹눈은 없지만 두흉부의 앞쪽 위에 예리한 눈이 4쌍 있다. 넷째, 몸에 그득 나 있는 강모로 공기의 흐름이나 접촉, 진동 따위를 감지하며, 각수 안쪽에는 첫 1쌍의 부속지인 협각이 있다. 다섯째, 진짜 다리가 아닌 집게다리에는 가는 털이 1000여 개나 붙어 있어 먹잇감을 찾는 데 쓴다. 여섯째, 입은 위아래 턱이 있고, 위턱에는 독액을 분비하는 예리한 독니가 있으며, 복부에는 체절이 전연 없고, 생식기는 모두 배의 아랫면에 있다. 일곱째, 난생을 하고, 보통 7~8번의 탈피를 거듭하여 번데기 시기 없이 바로 성체가 되는 불완전변태를 한다. 여덟째, 6가지 실샘에서 실이 만들어지고, 이를 뽑아내는 방적돌기가 복부에 있다. 마지막으로, 다리는 신근伸筋이 발달하지 않아 곤충처럼 팔짝팔짝 뛰지 못하며, 배와 가슴, 허리 중간 어름에 숨관의 일종인 호흡기관 '책허파(서폐書肺)'가 있다. 호흡색소는 헤모시아닌hemocyanin 이고, 질소화합물의 배설물은 바싹 마른 요산이며 말피기소관으로 내보낸다.

6개의 실샘, 즉 견사선에서 만드는 실은 성질이 모두 다르며, 방적돌기에서 그 실을 뽑아낸다. 이 실은 누에와 같은 곤충들이 쏟아내는 것과 비슷한 단백질이다. 처음에는 액체이지만 방적돌기로 잡아당기면 단백질의 내부 구조가 바뀌면서(공기와 만나 변하는 것이 아님) 대뜸 굳어져 수소결합하니 매우 단단해진다. 방적돌기에서는 실의 두께나 점도, 속도를 조절하기 때문에 개미 몸에 중력을 가하면 굵은 실을, 무중력상태에 두면 아주 가는 실을 뽑는다고 한다.

그런데 거미는 몇 미터가 넘는 높은 곳에 커다란 집을 덩그러니 올려놓기도 한다. 이 영리한 거미는 미풍을 이용한다! 일단 한쪽 나무 끝에 기어 올라가서 부력을 높이려고 팔다리를 죄다 벌리고 번지점프하듯 너울너울, 꼬리에 팽팽하게 실을 매달아 공중에 너풀너풀 흔들거리며 떠 있다. 오르락내리락, 왔다 갔다, 출렁출렁 흔들리던 몸이 센 바람에 떠밀려 간신히 저쪽 나뭇가지에 가 닿으면 서둘러 나무를 움켜잡는다. 그리고 적당한 자리를 잡아서 늘어진 줄을 당겨 잡아매니 두 나무 사이에 로프가 매이게 된다!

어부는 물에다 그물을 내리고, 거미는 하늘에다 실그물을 친다. 일례로 무당거미도 남다른 재주가 있어 사람 키보다 좀 높은 곳에다 지름이 60센티미터~1미터가량 되는 둥근 그물형의 집을 짓는데, "거미줄로 방귀 동이듯" 한다고 그물망을 창창 얽어매는 품이 예사롭지 않다. 암놈 거미는 처음에 일정한 간격으로 방사상의 날줄을 띄엄띄엄 얽는다. 다음에는 제일 안쪽의 중심점에서 시작하여 나선상의 씨줄을 잇달아 시계 방향으로 틀어 8~9.5밀리미터 간격으로 능수능란하고 일사분란하게 촘촘히 엮어간다. 방사상의 줄에 한 코 한 코, 한 땀 한 땀 꼭꼭 달라붙이며 건듯건듯 떠서 어느새 집 한 채를 솜씨 좋게 너끈히 짓는다. 보통 한 시간이면 집 한 채의 박음질이 끝난다니 우리 보기에는 거저먹기이다. 그런데 우습게도 보통 사람들이 보면 덩치와 태깔이 사뭇 달라 다른 종으로 여기기 십상인 꼬마 신랑 수놈도 고대 광실 한 귀퉁이에다 어쭙잖게 오막살이집을 지그재그로 따라 짓는다. 집 짓기에 참척하는 거미들, 신랑 신부가 제 집은 제가 도맡아 척척 짓는다!

거미의 진짜 사냥 비결은 먹이를 잡는 데 쓰는, 뱅글뱅글 나선상으로 돌아가는 '씨줄'에 숨어 있다. 오직 씨줄만이 점성이 높아 그물에 걸린 곤충은 꼼짝달싹 못 한다. 마치 연줄에 사금파리 가루 섞인 풀을 묻히듯, 거미가 거미줄에 끈끈이 풀을 바른다는 사실이 밝혀졌으니, 거미줄이 끈적거리는 것은 이 씨줄에 꺼슬 꺼슬하고 현미경적인 작은 구슬이 달려 있기 때문이란다. 그런데 거미 자신은 이 끈적거리는 씨줄 위를 걸어 다녀도 들러붙지 않는다. 거미의 몸과 발에서 기름이 나오고 있기 때문이다. 이 기름을 벤젠으로 닦아버리면 자기가 친 거미줄에 들러붙는 불상사가 일어난다. 그러나 다른 종류의 거미가 친 거미줄에는 달라붙는다고 한다.

보통 하루에 한 번 새 집을 짓는다고 하지만 비가 오고 바람이 부는 궂은 날에는 집 짓기를 하지 않는다. 비가 그치면 서둘러 새 집을 짓거나 너절하게 누더기가 된 집을 꾸준히 수리한다. 한시가 급하다! 그도 그럴 것이 제 몸무게의 15퍼센트나 되는 양을 먹어야 하는 놈이라 단백질인 줄을 씀벅씀벅 잘라 먹는다.

거미는 멋진 집을 짓고선 제일 가운데 자리(허브hub)에 박쥐 무리가 곤두서 있듯 몸을 번드쳐 거꾸로 매달린다. 출출하고 목이 말라도 하염없이 미동도 않고 기척 없이 기다린다. 그러나 늘 깨어 있는 거미라, 훔쳐보고 있다가 먹이가 걸려 요동치면 흠칫 놀라 제1다리 한 쌍으로 거미줄을 꽉 잡고, 온 힘을 다해 그물망을 연신 세게 철렁철렁 그네 타듯 흔들어서 먹이가 줄에 찰싹 들러붙게 한다. 일단 먹이가 줄에 걸려 허우적거리면 잰걸음에 달려가 버둥거리는 먹이를 똥구멍에서 줄을 뽑아 옴짝달싹 못 하게 챙챙 매어 얽는다. 다리를 써서 실을 뽑아 뱅글뱅글 돌려가면서 꽁꽁 묶고, 이 먹이를 물고 가서 숨겨놓거나 집의 중앙에다 주렁주렁 매달아뒀다가 1~4시간이 지나 먹는다. 일반적으로는 입으로 조곤조곤 깨물지 않고 그냥 감아버리지만, 나비나 나방이같이 비늘이 있어 도망가기 쉬운 먹이는 단박에 세게 물어 독액을 집어넣은 다음 칭칭 감싼다. 이때 사용하는 실은 집을 지을 때와는 아주 다른, 거즈를 닮은 실이라고 한다.

그런데 이 거미줄은 언뜻 보아서는 다른 곤충들이 잘 보지 못하는데, 거미줄에서 자외선이 뻗어 나와 벌레를 유인한다는 이론도 있다. 초파리만 해도 그렇다. 1초에 제 몸길이의 50배 정도로 나는 놈인데, 거미줄에 아주 가까이, 자기 몸의 3배 거리만큼이나 와서야 이윽고 그것을 알아보고 슬쩍 방향을 튼다는 얘기이다. 그리고 거미줄에 걸린 먹잇감은 모두 다 잡히는 게 아니고 줄을 댕강 토막 내고 도망가는 것이 얼추 80퍼센트가 넘는다고 한다. 흔히 파리만 해도 5초 내에 잡지 못하면 집을 망가뜨리고 탈출한다. 그래서 시도 때도 없이 늘 긴장하다가 그렇게 잽싸게 행동하는 것.

거미 중에서도 공중에 널따랗게 집을 짓는 놈은 전체의 3분의 1 정도이고, 나머지는 땅에다 집을 짓는다. 관 모양의 덫을 놓고 그 안에 들어앉아 있다가, 지나가던 먹잇감이 입구의 함정에 빠지면 후딱 달려 나와서 가로챈다. 또 먹잇감이 걸려 넘어지도록 굴 입구에 실을 쳐놓고, 무언가 그 실을 툭 치면 실의 진동을 느끼고 나와 잽싸게 덮친다. 거미의 눈은 있으나 마나 한 형편없는 눈이라 주로 다리에 붙어 있는 3000개가 넘는 진동 감각기로 주변에 어떤 일이 일어나는지 염탐한다고 한다. 그리고 나방 무리는 암컷이, 나비 무리는 수컷이 성페로몬을 주로 분비하는데, 거미 중에는 암컷 나방의 냄새가 나는 물질을 거미줄에 묻혀놓아 그 냄새를 맡은 수컷 나방이 찾아 달려들어 거미줄에 걸리게 하는 놈도 있다. 그런가 하면 천적에게 잡히지 않기 위해 얼른 몸을 숨기는 것은 기본이고, 위장, 경계색 등 다채로운 방법으로 새나 말벌을 피한다.

그리고 거미줄은 탄력성이 아주 좋아서 원래 길이의 4배까지 늘어날 수가 있다. 커다란 매미가 날아와서 탁 걸렸다고 치자. 만일 단단하기만 하고 탄력성이 없는 줄이라면 끊어지고 말 것이지만, 거미줄은 그렇게 큰 충격에도 동강나지 않고 견딜 수가 있다. 그리고 거미줄을 잘라 현미경으로 보면 3층으로 되어 있다고 하는데, 키틴, 콜라겐, 섬유소 같은 물질보다 탄력성이 뛰어나 길게 늘어날 수 있다. 거미줄은 우리의 뼈보다 단단하고, 강철보다는 4배, 나일론보다는 2배나 질기며, 거미줄로 짠 것이 연필 굵기면 점보제트기도 멈추게 할 수가 있다고 한다. 그래서 거미줄과 비슷한 실을 합성하여 방탄조끼와 낙하산을 만드는 것 말고도 봉합 수술용 실, 정구채, 낚싯줄, 그물 따위에 활용하겠다는 야심 찬 연구들을 하고 있다 한다. 거미줄은 다른 어느 합성 물질보다 가볍고 단단해서 급기야 실 만드는 유전자를 다른 포유류나 식물에 이식하여 그들을 실 공장으로 써보려는 시도도 하고 있다고 한다. 또한 몇 종의 거미 독은 벌의 독처럼 사람에게 위험한데, 이를 의학용으로, 또 무공해 살충제 제조용으로 사용하는 연구도 하고 있단다.

거미의 사랑 이야기를 좀 해보자. 거미는 종이 많은 만큼 구애 방법도 다양하다. 한데 세상천지에 무슨 이런 철면피한 생물이 다 있담! 눈 뜨고 코 베인다더니만, 그악스러운 암컷이 산 채로 수놈을 냉큼 잡아먹는다고 하니, 적이 놀라지 않을 수 없도다! 푼수 수컷 녀석들도 죽기는 무척 싫다. 어리보기 수놈들이 암컷에 바짝 다가가는 순간 암컷이 난데없이 왈칵 달려들면 수놈들은 엉겁결에 화들짝 놀라 혼비백산 도망을 가지만, 암컷이 수컷을 무지막지하게 송두리째 잡아먹어버리는 수가 종종 있다. 지지리 못난 가여운 얼뜨기 수놈들……

어쨌거나 수놈은 암놈에게 먹히지 않으려고 암컷 둘레를 기웃기웃, 슬금슬금 서성거리면서 갖은 용을 쓰고, 온갖 애교를 다 부린다. 거미줄을 살랑살랑 흔들거나 가까이 다가가 은근슬쩍 살살거리며 몸을 뒤틀고, 춤까지 추면서 암컷을 홀린다. 어떤 녀석들은 정교한 구애를 하니, '정자 집'을 끄집어내어 율동적으로 흔들어대는 놈, 머뭇거리다가 다리로 암놈을 토닥토닥 두드리거나 세게 건드려보는 놈, 마른 이파리를 부드럽게 두드려서 유인하는 녀석 등 다양하기 짝이 없다. 벌레를 한 마리 잡아서 실로 똘똘 말아 암놈에게 선물하고, 암놈이 그것을 먹는 동안에 짝짓기를 하는 놈, 암놈을 봤다 하면 가차 없이 저돌적으로 달려들어 줄로 돌돌 말아 보쌈을 하는 녀석도 있다. 앙큼한 암놈은 얼마든지 도망칠 수가 있지만 짐짓 모른 척 내숭 떨며 교미가 끝날 때까지 아무 일 없는 척 조아리고 있다. 또 거미도 다른 곤충들처럼 몸집을 키우기 위해서 허물을 벗는데, 어떤 수놈은 암놈이 탈피하고 힘이 빠져 꼼짝 못 하는 때 느닷없이 부랴부랴 짝짓기를 해버린다.

사실 거미는 암수 두 마리가 몸을 붙여 짝짓기를 하지 않는다. 말해서 수놈 거미는 교미기가 따로 없다. 암컷이 수컷의 구애 작전에 얼이 빠져 있을 때 수놈은 사정을 하여 거미줄을 감아 정자 집을 만들고 이것을 각수(脚鬚, 다리 수염)로 잡아당겨 암놈의 저정낭에 날름 집어넣으니, 이것이 교미요, 각수가 바로 일종의 교미기이다.

수정을 끝낸 암컷은 밤에 넓적한 실 깔판 위에 수정란을 낳고,

실로 탄탄하게 칭칭 묶어 공 모양의 알주머니를 만든다. 보통 알주머니 4개를 만드는데, 각각의 주머니에 알알이 400~500개씩 담아 넣는다. 아뿔싸, 대부분의 암놈은 알주머니에 알을 낳은 다음에 날래 죽어버리지만, 어떤 것은 알주머니를 돌에 붙이고 거미줄로 덮어두는가 하면, 어떤 놈은 난낭을 턱이나 방적돌기에 달고 다닌다. 그렇게 고치주머니를 달고 다니다가 알이 부화하여 새끼가 나올 즈음이면, 이빨로 고치를 싹둑싹둑 자르고 물어뜯어 새끼들을 흘러나오게 한다. "거미 새끼 흩어지듯"이란 이렇듯 알에서 막 나온 거미 새끼들이 일시에 득실거리며 온데간데없이 사방팔방으로 정처 없이 흩어짐을 이르는 말이다. 물밀듯이 훌쩍 사방으로 허허롭게 퍼져나가는 오달진 애송이들이다.

먹고 먹히는 세상, 무서운 거미 위에 더 무서운 천적이 있더라. 바로 말벌이다. 가느다랗고 기다란 다리를 가진 기생 말벌이 사정없이 거미를 덮쳐 꼬리 침으로 입 근처를 한 대 쏘아버린다. 갑자기 거미가 맥을 못 추고 멍하니 제자리걸음을 한다. 좀 있더니 말벌이 거미의 뒷부분을 감아 젖히더니만 예리한 산란관으로 복부를 찔러서 거미의 육살에다 알을 낳는다. 10여 분 후에 마취에서 깨어난 거미는 정신을 차리고 벌떡 일어나 아무 일 없었던 것처럼 멀쩡하게 쏘다닌다. 제 배 속에 멍울진 속살을 팍팍 갉아먹는 놈이 들어 있는 것도 대수롭지 않게 여기고 말이지. 얼마

지나면 말벌 유생들이 속이 텅 빈 거미 껍데기를 뚫고 나와서 등짝에 더덕더덕 달라붙는다.

거미의 내장은 하도 작고 좁아서 야문 것은 먹지 못하고, 대신 소화효소로 먹이를 녹여 체액을 빨아 먹는다. 아무튼 거미는 벌레를 잡아먹는 이로운 벌레 익충益蟲이다. "논거미를 죽이면 하느님이 재앙을 내린다"고 했고, "벼논에 거미줄이 많으면 풍년이 든다" 했다 하니 옛날 거미는 그냥 거미가 아니라 참으로 소중한 '생물 농약'이었던 것. 지금은 거미를 '천적 곤충'으로 대량 사육하여 비닐하우스 같은 시설 작물 재배에 몽땅 풀어놓는다. 말해서 '천적 농법'인 것이다.

억세기로 둘째가라면 서러워하는 개미도 거미라 하면 겁먹고 자다가도 줄행랑을 놓기에 거미가 잔뜩 개미 흉내(의태)를 낸다. 거미는 가짜 허리를 만들고 첫째 다리를 더듬이처럼 흔들어 다리가 3쌍인 것처럼 위장하며, 두터운 혹이 머리에 생겨 마치 눈이 2개인 것처럼 보이게 한다. 게다가 몸에 빛을 반사하는 털을 만들어 개미처럼 반작거리는 등, 속속들이 걸음걸이까지도 개미 시늉을 낸다. 이렇게 거미가 개미 행세를 하고, 개미를 유혹하여 잡아먹는다는 말이다. 어처구니없는 기막힌 진화라 하겠다! 브라보! 영민한 우리 거미님네! 영원무궁하라!

척추동물이라고
사연 하나 없겠는가

씨가 말라가는 양서류

3~4억 년 전 고생대의 데본기에 비로소 어류에서 진화한 한 무리가 물에서 마른 땅으로 올라왔다. 그것이 바로 양서류兩棲類이다. 어릴 때는 올챙이로 물에 살다가 다 자라면 땅으로 올라와 살기에 양서류라 했고, 순 우리말로는 '물뭍동물'이라 한다. 양서류를 영어로 Amphibian이라 하는데, Amphi는 on both sides, bios는 life란 의미로, 역시 물과 뭍을 넘나들며 산다는 뜻이다.

양서류는 척추동물로 사지가 있으며, 무양막류요, 변온동물이다. 꼬리가 있는 유미류(9과 571종)인 도롱뇽 무리와 꼬리가 없는 무미류(48과 5602종)인 개구리 무리, 우리나라에는 없지만 아프리카 등지의 다리가 숫제 없는 무지류(3과 174종)로 나뉘고, 세계적으로 얼추 6400종이 산다. 무지류를 뺀 양서류는 하나같이 앞다리에 발가락이 4개, 뒷다리에 5개가 있다. 반면 우리나라에는 도롱뇽 4종, 무당개구리 1종, 두꺼비 2종, 맹꽁이 1종, 청개구리 2종, 개구리 7종, 모두 합쳐 고작 17종의 양서류가 살고 있는데, 한국의 겨울이 너무 추워 세한을 넘기기가 여간 어렵지 않다는 말이고, 실제로 정글의 큰 나무 하나에 사는 종의 수보다도 적다고 한다. 물론 이 목록에는 토착종이 아닌 귀화종인 황소개구리도 들었다. 자연이 "너 여기 살아도 좋다"고 허락했으니 괜스레 곁다리인 우리가 뭐라 하겠는가. 사람도 그렇듯이 다른 나라에 가서 살다가 그 나라로 귀화하면 그 나라 사람이 되는 것과 같다. 옛날 옛적부터 우리나라에 태어나서 여태 토박이로 붙박여 사는 고유한 동식물은 가까스로 20~30퍼센트가 될 듯 말 듯이고, 나머지는 다른 나라에서 들어와 토착화한 것들이다.

양서류는 환경 변화에 예민하여 '생태 지표종'으로 쓰는데, 근래 와 졸지에 종수가 급감하는 추세라 생물의 다양성에 큰 타격을 주기에 이르렀다. 난개발에 따른 서식지의 파괴, 공해에 따른 내분비 혼란, 유입 종의 피해, 기후변화, 오존층의 파괴에 따른 피부나 눈, 알의 파괴에다가 느닷없이 치트리드 곰팡이chytrid fungus에 감염된 항아리곰팡이병chytridiomycosis 같은 것이 세계적으로 어마어마하게 만연하여 안타깝게도 날로 수가 줄고 있다고 한다. "마구 씨가 마른다"는 말이 들어맞을지 모른다.

+ 두꺼비나 물두꺼비나 모두 심상찮다

두꺼비Bufo bufo는 양서류강 무미목 두꺼비과에 속하며, 8센티미터 길이인 수놈보다 암놈이 5센티미터 더 크고, 20~80그램의 아주 큰 두꺼비는 소형 파충류나 설치류도 꿀꺽 삼킨다. 속명과 종명의 Bufo는 라틴어로 '두꺼비'란 뜻이며, 전 세계적으로 150여 종이 살고, 우리나라 두꺼비 속Bufo에는 오로지 두꺼비와 물두꺼비 2종이 있다. 몸에는 꺼림칙하게 도드라진 잔혹들이 가득 나 있으며, 귀 아래에 이하선(耳下腺, 귀밑샘)이라는 독선이 있어 거기서 두꺼비의 독이 나온다. 이 독은 지방성인 흰 액으로, 알이나 올챙이 때 포식자에게 먹히지 않으려고 만드는 독액이며, 두꺼비를 잡아 세게 누르면 살갗에서 독이 새어 나오니 그것을 먹으면 큰 개도 단방에 죽는다.

두꺼비는 사람이 가까이 가도 도망치지 않고 부릅뜬 커다란 눈망울로 멀뚱멀뚱 쳐다보면서 껌벅거린다. 야행성이지만 날씨가 흐리거나 여름비가 오는 날에는 땅거미가 내리기 전에도 꿈적꿈적 기어 나와 식이(食餌, 먹이) 활동을 하니, 개미, 거미, 민달팽이, 지렁이를 끈적거리는 혓바닥으로 잘도 잡아먹는다. 장마철이면 녀석들이 우리 집 마당에 뒤뚱뒤뚱, 어슬렁어슬렁 앉은뱅이걸음으로 기어들어 저지레를 했지. 아비규환이 따로 없다. 마루턱에는 꿀벌 통이 몇 있었으니, 몹시 후안무치厚顔無恥한 이놈들, 벌통 어귀에 너부죽이 엎드려 바글바글 들락거리는 꿀벌을 비호같이 냉큼냉큼, 날름날름 큰 입을 떡떡 벌려 다 잡아먹을 듯이 덤빈다. 이러다가 삽시간에 다 털릴 판이다. 곤욕스러운 분탕질을 두고 볼 수 없다. 한시 바삐 손을 써야지, 발만 구르고 있을 수는 없지 않은가.

벌통 앞에 앉은 놈들을 보고 한참 동안 엄두가 안 나 이러지도 저러지도 못하고 넋 놓고 있다가, 참는 데도 한계가 있지, 부지깽이 몽당이로 자치기 하듯 그냥 배 바닥을 치켜들어 멀찌감치 휙 내동댕이친다. 그래도 성에 안 차 가까이 다가가 몇 대 갈겨도 예의 생떼 쓰며 도망갈 생각을 않는다. 어리보기 녀석이 누구를 약 올리나!? 적반하장, "도둑이 되레 매를 들고, 똥 낀 놈이 성낸다"고 하더니만. 흠씬 등짝을 얻어맞고도 어수룩하게 눈만 끔벅거리며 엎드려서 맹꽁이처럼 몸에 공기를 북북 집어넣어 불룩 부풀리고는 버티고 있다. 화딱지가 길길이 치밀어 발길질도 마다 않는다.

갈색이던 것이 산란기가 되면 암놈은 등짝이 붉어지고, 수놈은 검은 회색을 띠어서 서로 구별이 된다. 두꺼비는 저 위쪽 양지바른 산자락에서 월동을 한다. 날씨가 풀리는 4월 즈음에는 우물쭈물 어슬렁거릴 틈도 없이 서둘러 정해진 산란 터인 물가로 떼 지어 엉금엉금 앞다퉈 기어 내려온다. 발에 걸리는 게 두꺼비이다. 어떤 종은 용케도 1.5킬로미터나 되는 먼 거리를 수백, 수천 마리가 봇물처럼 떼 지어 행진한다고 하니, 곤두박질치는 것은 병가상사兵家常事요, 찻길을 건너다가 자동차에 치어 죽는 절체절명의 끔찍한 순간을 맞는 수도 허다하다 한다. 또 여타의 동물과 다른 것 중 하나는 수놈 두꺼비는 콩팥 앞에 비더기관Bidders organ이라는 작은 주머니가 있는데, 보통 때는 작지만 고환을 잘라버리면 그것이 불룩 커지면서 거기에서 난자를 형성한다고 한다.

물두꺼비Bufo stejnegeri는 몸길이가 4~6.5센티미터로, 한국의 DNA가 흐르는 한국 특산종인 Korean water toad이다. 말인즉 한국 고유종인데, 흔히 '귀신개구리'라고도 한다. 암컷은 수컷에 비해 훨씬 크고, 수컷의 등은 대개 검은빛을 띤 갈색이지만 암컷은 누런빛을 띤 회갈색이다. 모양이나 형태 등은 땅 두꺼비와 비슷하나 몸집이 훨씬 작고, 눈 뒤에 이하선이 없으며, 물에서 살기에 뒷다리에 물갈퀴가 발달했다. 북방계 종으로, 주로 경기도와 강원도 이북에 서식하는 반면에 땅 두꺼비는 전국 어디에서

나 채집이 가능하다.

　산란기가 되면 두꺼비는 첫째와 둘째 발가락에 암놈을 움켜쥐기 위한 혹(육괴肉塊)이 생기는 데 반해, 물두꺼비 수놈은 첫째 발가락에 혼인육지婚姻肉指가 돋아난다. 또 두꺼비는 산 중턱에서 월동하지만, 물두꺼비는 아래 강에서 월동한다. 물두꺼비도 야행성이라 벌건 대낮에는 꼭꼭 숨어 있다가 해 지면 물가로 나와 밤새도록 작은 곤충이나 실지렁이를 잡아먹으며, 장마철에는 낮에도 활동한다. 겉으로 보면 개구리를 닮아 한때는 두꺼비인 줄 모르고 잡아먹기도 했지만 이 또한 두꺼비처럼 알딸딸한 독이 있다. 다시 말하면 물두꺼비는 디곡신digoxin이라는 심상찮고 만만찮은 독을 품고 있으니 땅 두꺼비의 부포톡신bufotoxin보다 훨씬 강력하다. 두꺼비의 독은 설사나 위경련에 그치지만, 물두꺼비의 독은 심장박동을 빠르게 하고 호흡 장애를 일으키며, 심한 경우 죽음에 이르게도 한다. 강원도, 경기도, 전라도 일원의 외딴 고산지대에 서식하는 흔치 않은 생물로, 여차하면 불쑥 지구에서 사라져버리고 말 '포획 금지 야생동물', '멸종 위기 종'에 들었다.

　어린이 놀이터에 가면 여전히 두꺼비들을 만난다. 옹골차게도 "두껍아 두껍아, 헌 집 줄게 새집 다오!" 하고 애송이들이 고래고래, 꽥꽥 두꺼비처럼 부르짖으며 젖은 모래를 미주알고주알

후벼 파낸다. 그리고 거기에 고사리손을 통째로 집어넣어 모래를 덮고, 손등을 톡톡 두드린 후 주먹을 조심스레 끌어내어 어엿한 굴집을 짓는다. 허구한 날 뻔질나게 부수어지면 짓고 또 부수고 짓고……. 모름지기 어린이는 또래들과 어울려 놀면서 자란다. 그렇지 않은가? 강아지나 호랑이 새끼도 놀지 않고는 못 배긴다.

+ 나무에 산다고 tree frog라 부르는 청개구리

청개구리는 꼬리가 없는 무미목 청개구리과의 양서류로, 열대우림 지대에는 나무에 사는 청개구리 무리가 전체 양서류의 80퍼센트를 차지한다. 우리나라에는 본종 말고도 수원청개구리 *H. suweonensis* 한 종이 더 있으며, 한국 전역과 일본, 러시아, 중국 등지에 분포하지만, 수원청개구리는 경기도와 충남 일부에만 사는 한국 고유종으로 알려져 있다. 또 수원청개구리는 청개구리tree frog에 비해 소형이고, 등이 녹색이다. 그러나 청개구리가 갖는 녹색의 불규칙한 무늬는 없고, 번식 시기도 약 40여 일 늦다고 한다.

무릇 청개구리는 한살이의 성체가 되어 짝짓기와 산란을 위해 땅으로 내려오는 일 외에는 대부분을 나무나 풀숲에 머무는 수상생활樹上生活을 하며, 가끔 엉성한 거품 집을 짓기도 한다.

tree frog라 하니 문득 생각나는 것이 있다. 흔히 신문에서 이를 '나무 개구리'로, 초파리인 fruit fly는 '과일 파리'로 써놓고 있는데 그러면 안 된다. 학명을 이탤릭체로 쓰지 않는 것은 다반사이고……. 모름지기 대중매체를 다루고, 글을 쓰며 책을 만드는 사람들은 과학의 기본을 잘 익혀두는 것이 옳을 것이다.

우리나라 청개구리는 몸길이가 2.5~4센티미터 남짓이고, 등짝은 녹색 바탕에 진한 녹색 또는 흑갈색 무늬가 퍼져 있으며, 보호색을 띠어 가만히 숨어 있으면 여간해서 찾기 어렵다. 말해서 변색과 위장의 도사이다. 청개구리는 무게가 가벼워야 이파리나 나뭇가지를 타는 데 유리하기 때문에 땅바닥에 사는 개구리들에 비해 덩치가 작고 호리호리하며, 고분고분하고 유순하다. 그리고 눈이 무척 크고, 역시 두꺼비처럼 눈동자가 가로로 찢어졌으며, 고막이 겉으로 드러나 있다. 수컷은 인두 부분에 큰 울음주머니가 있는데, 산란기나 비 오기 전의 습도가 높은 날에는 이 나무 저 나무에서 와글와글 옹골차게들 울어젖힌다. 비가 오는 날이면 빗물을 살갗으로 흡수하고, 다른 이야기일 수도 있지만, 청개구리의 축축한 살갗에서 분비하는 점액은 항세균, 항바이러스성 물질로 caerins 또는 caerulins이라 한다. 두말할 것 없이 야행성이라 낮에는 어두컴컴하고 축축한 구새통이나 바위 틈에서 숨어 지낸다.

우리는 고래고래 내지르는 청개구리의 울음소리를 "꽥꽥"이라 듣는데, 서양인들은 "brawk, brawk"으로 듣는단다. 닭소리도 꾀꼬리 소리도 다르게 듣는 것이 참 이상하고 신기하다. 그리고 청개구리는 포식자가 가까이 오는 것을 눈치채거나 사람 발걸음 소리를 들으면 보통 때와 다른 소리를 낸다고 한다. 5~6월경 모심기 직전에 우리나라 방방곡곡에서 수컷이 울어 암컷을 유인하는 것은 다른 개구리 무리나 다를 바 없으며, 알은 논이나 연못 등 물풀 따위에 붙이고, 알 덩어리(난괴卵塊)는 진한 황갈색으로 불규칙한 모양을 갖는다. 이들도 꼬리가 있는 올챙이 때는 마땅히 물에서 변태 시기를 거친다.

그런데 만일 어린 올챙이에 티록신thyroxine을 주사하면 얼른 탈바꿈하여 꼬마 개구리가 되고, 올챙이의 갑상선을 떼어버리면 영영 올챙이로 남는다. 다른 예로 암컷 병아리에다 남성호르몬인 테스토스테론을 주사하면 뜻밖에 볏이 커지고 긴 꼬리깃이 생기면서 영판 수놈을 닮아간다. 반대로 수놈 병아리에다 여성호르몬인 에르고스테린ergosterine을 주사하면 대뜸 암탉의 특징이 나타난다. 요물인 호르몬은 이렇게 모양새까지 바꾸게 하니 놀라울 따름이다.

개구리는 어느 것이나 앞다리에 발가락이 4개, 뒷다리에 5개가 있다. 보통은 뒷발가락 사이에 물갈퀴가 있는데, 청개구리는 나무에 주로 살아 헤엄칠 필요가 없어서 물갈퀴가 사라지고 말았고, 두꺼비도 땅바닥에서 살기에 뒷다리에 물갈퀴가 없다고 한다. 물갈퀴가 없어진 대신 발가락이 꽤나 길쭉해졌고, 발가락 끝에 얇고 넙적한 손톱 꼴의 발바닥이 생겨났다. 거기에 끈적끈적한 점액이 묻어 있어 나무나 풀 위에서 폴짝 뛰면 찰싹, 짝짝 달라붙는다. 얼마나 무서운 변화요, 적응이란 말인가! 필요 없는 것은 거침없이, 과감히 버려버린다! 변함change은 기회chance이다. change의 g자만 c자로 바뀌면 chance다!

가끔은 먹이 찾기에 혈안이 되어 죽을 둥 살 둥 안방에도 겁 없이 엉금엉금 기어드는 청개구리가 흠칫 사람을 놀라게 한다. 어디 그뿐인가. 여름철 코앞 유리창에 배짱 두둑한 앙증맞은 녀석이 아까부터 암팡지게도 넙죽이 달라붙어 불빛에 날아드는 먹잇감을 노려보고 있다. 한데 창밖에서 보는 등짝은 연두색이지만 창 안에서 보는 배는 희묽다. 귀염둥이 탐식가! 넋 놓고 있다가 홀러덩 곤두박질하는 건 아니겠지. 서양 사람들은 청개구리를 애완용으로 키운다는데, 알다시피 개구리들은 살아 움직이는 것들이라야 선뜻 먹으니, 먹이는 주로 곤충과 거미이다. 또 개구리들은 끈적끈적한 혀로 먹이를 찰싹 붙여 잡기도 하고, 언저리에 서성거리는 벌레를 발로 눌러 잡은 후 앞다리로 입에 집어넣기도 한다. 반면에 청개구리를 잡아먹는 포식자는 주로 뱀이나 새들이다.

　송곳 바람이 불라 치면 물개구리는 잘 얼지 않는 냇물에, 참개구리는 따스한 굴속에 떼 지어 기척 없이 겨울나기를 하는데, 청개구리는 바보같이 가랑잎 홑이불 속에 몸을 파묻는다. 초주검이 되어 비쩍 깡마른 것이 연두색 몸도 거무죽죽해지고, 잡아서 건드려보아도 본체만체, 땡땡 얼어 꿈쩍 않는다. 그러나 녀석들도 가을에 벌레를 흠씬 잡아먹어서 몸 안에 지방을 그득히 비축해놓고 있는 터라 그 기름으로 열을 내어 죽지 않고 잘도 견딘다. 지방은 열이 쉽게 전달되지 못하는 부도체이기도 하여 개구리뿐만 아니라 뱀, 물고기도 배 속에 기름을 꽉 채워 그걸 녹여 먹으면서 겨울을 이긴다.

　본인도 자주 경험하는 일이지만 채집을 하거나 여행을 다닐 때 심한 스트레스를 받으면 자기도 모르게 입맛이 당겨 몸에 지방이 쌓인다. 말해서 "스트레스를 먹는 것으로 푼다"고 하는 것으로, 이는 몸에서 위험을 감지하고 후딱 반응하는 본능적인 행위이다. 그런데 왜들 양분을 저장할 때는 꼭 지방을 쓰는 것일까? 그렇다. 탄수화물이나 단백질은 1그램에 약 4칼로리의 에너지를 내지만 지방은 9칼로리를 훨씬 넘게 내기에 같은 부피에서 열량이 더 높고 청정에너지인 지방을 저장하는 것이 훨씬 유리하다. 동물들은 지방 말고도 포도당이나 글리세롤, 소르비톨

sorbitol 등의 당단백질들을 부동액으로 써서 얼어 터지는 것을 막아 한겨울에 간신히 목숨을 부지한다.

온갖 저지레를 다하고, 걸핏하면 심통 부리며 엇나가기 일쑤인 사람을 '청개구리'라 이른다. 다시는 안 싸운다고 엄마하고 약속해놓고 툭 하면 말썽 피우는 꾸러기였고, 시도 때도 없이 빗나가는 심술보 청개구리가 아니었던가. 그러나 마침내 그토록 뼛속 깊이 뉘우치고 "내가 죽거든 물가에 묻어주라"는 엄마의 말을 마음에 새겨 정성껏 지켰지. 그래서 비가 오나 싶으면 엄마 무덤 걱정에 그렇게 애절하게 운다! 이렇듯 엄마의 죽음에 한없이 후회했던 어질고 대견스러운 청개구리 새끼이다. 어디 청개구리만 그럴라고. 사람 마음 조마조마하게 하는 애송이 인간 청개구리 아이들! 교육은 '숨쉬기' 같은 것이라 꾸준해야 한다. 어림 반 푼어치도 없다. 닦달한다고 되는 것이 아니다. 따라서 모름지기 알게 모르게, 이제나 저제나 지켜보며 기다리는 것이 가르침이다. "나무를 키워보면 가르치는 법을 배운다(양수득인술養樹得人術)"고 한다.

언제나 사오월에는 전국 학교에서 개구리 해부 실험이 한창이라 개구리가 엄청나게 희생당하는 철이다. 요컨대 실험을 지도하는 선생님들은 학생들에게 생명의 거룩함을 꼭 깨우쳐줄 것이다. 개구리쯤이야, 하다 보면 "바늘 도둑이 소도둑 된다"고, 거친 심성에 걸핏하면 사람을 다치게 하니 말이다. 신신당부하노니 해부하기 전에 고귀한 영혼을 위로하고 달래는 기도를 하게 하라! 그리고 배 쨴 '표본실의 청개구리'에서는 김이 나지 않는 다는 것을 가르쳐도 좋다. 개구리는 기온에 따라 체온도 같이 변하는 변온동물이라 몸에서 더운 김이 나지 않는다. 김이나 이슬은 으레 한쪽은 차고 다른 쪽은 따뜻해야 생긴다. 대기 중의 따뜻한 수증기가 찬 공기를 만나 식어서 엉기어 땅 위로 떨어지는 비도 같은 원리이다.

햇빛 쐬러 나온 파충류

악어, 거북, 뱀, 도마뱀이 속하는 파충류는 척추동물 중에서도 양서류, 조류, 포유류가 속한 사지동물四肢動物에 든다. 32~31억 년 전에 생겨났고, 모두 9만 2000여 종이 지구에 서식한다. 중생대에는 파충류인 공룡이 그렇게 기고만장하게 날뛴 터라 '파충류 시대'라 한다. 조류, 포유류와 같이 발생 과정에서 양막이 생기는 유양막류이며, 변온동물이기에 서둘러 스스로 근육을 움직여 체온을 일부 높이기도 하기만 주로 바깥 온도에 의존한다. 조류와 포유류만이 정온동물(온혈동물)이고, 도마뱀의 체온은

24~35도이다. 그래서 파충류는 조류나 포유류에 비해 양분을 5분의 1에서 10분의 1 정도만 쓰므로 적게 먹고도 오래 견딘다.

피부가 딱딱하게 변한 방수성 비늘과 각질성 껍데기가 있어 수분을 잃지 않고 극히 메마른 땅에서도 산다. 거의가 우악살스러운 육식성이라 창자가 상당히 짧고 간단하지만, 바다거북 무리는 초식성으로, 먹이를 갈아 부수기 위해 얼른 자갈을 잔뜩 삼킨다고 한다. 또 어떤 무리는 물에 쉽게 가라앉기 위해 일부러 돌을 먹으니, 그 돌이 배에 싣는 바닥짐 역할을 한다고 한다.

눈은 감고 뜨는 눈꺼풀 없이 투명한 비늘로 덮여 있어 항상 요지부동으로 부라리고 사람을 차갑게 빤히 노려본다. 이를테면 넌더리 나게 매섭고 가늘게 뜬 실눈을 '뱀눈'에 비유하는 까닭이 거기에 있다. 일부 야행성 파충류의 눈동자는 고양이처럼 꺼림칙하고 섬뜩하게 세로로 갈라지니, 이런 눈을 수직 눈동자라 하고, 염소나 사슴, 말처럼 엉큼하게 보이는 가로로 째진 눈을 수평 눈동자라 한다. 전자의 눈은 가까운 곳을 날래 감지하는 공간 해상도가 높다면, 후자는 은근히 먼 곳을 볼 수 있는 거리 지각이 높다고 한다. 사람은 가깝고 먼 것은 물론이고, 온 사방팔방을 보는 탓에 눈동자가 둥글다고 한다.

뱀이나 도마뱀은 1쌍의 반음경半陰莖에서 대변이나 소변, 알이나 정자를 한 구멍으로 꾸역꾸역 내보내니, 이것을 총배설강이라 한다. 또한 난태생을 하는 살모사를 제하고는 깡그리 난생을 한다. 그뿐만 아니라 아주 일부는 짝짓기를 하지 않고 오로지 미수정란인 알 스스로 발생하는 처녀생식도 한다. 일부 거북이나 악어는 우연찮게도 부화 온도에 따라 슬쩍 암컷이 되기도 하고 수컷이 되기도 하니, 이를 온도 의존성 성결정(temperature-dependent sex determination: TDSD)이라 한다.

+ 슬금슬금 담 넘어가는 구렁이

구렁이는 파충강 유린목 뱀과의 동물로 중국, 러시아 등지에도 서식하며, 멸종 위기 종이고 흔히 rat snake라 부른다. 큰 머리에 몸통은 굵고 꼬리는 짧다. 몸통 비늘은 21줄이고, 몸길이는 140~180센티미터로 우리나라에서 가장 큰 뱀이다. '황구렁이'와 '먹구렁이'로 나눠 부를 정도로 무늬와 색이 엄청 다양하다.

내가 어릴 때만 해도 소 돼지의 외양간에 풀이나 짚을 듬뿍 깔아주었다. 거기에다 소 돼지가 똥오줌을 깔겨 바닥이 질퍽할 때면 이를 긁어내어 원뿔 모양으로 차곡차곡 쌓았다. 차례대로 층층이 잿간에서 나온 재와 푸세식 변소의 대변, 어린애 키보다 큰 배불뚝이 소변 항아리에 모아둔 소변을 똥바가지로 퍼서 질퍽질퍽 끼얹었다. 그러면 거기에서 부패가 일어나고 열이 나니, 싸늘한 아침 공기에 두엄에서는 김이 무럭무럭 난다. 이렇게 하여 세상에서 제일가는 퇴비가 만들어진다. 구렁이가 멸종에 이르게 된 것은 시골 마당에 신주처럼 모셨던 구렁이의 알자리인 이 두엄 무더기가 없어진 탓이라 한다. 참 안타까운 일이다. 농촌 문화의 변화가 소리 소문도 없이 뱀의 생존에까지 영향을 끼치다니…….

구렁이의 먹이는 쥐 같은 설치류를 비롯한 소형 포유류와 새, 새알, 다람쥐, 청설모이며, 무독 뱀이라 몸통으로 먹잇감의 숨통을 조인 후 머리부터 통째로 꿀꺽 삼킨다. 먹은 것을 소화시키는 데는 바깥 온도가 30도일 때가 제일 좋기에 여름날 먹이를 배불리 먹고는 큰 바위에 널브러져 있는 구렁이를 종종 볼 수 있다. 집 안에 구렁이가 나타나면 제일 먼저 알고 광속光速으로 달려들어 소란을 떠는 만만찮은 놈이 참새요, 까치이다.

다음은 구렁이를 포함한 뱀의 일반적 특징이다. 뱀이라 하면 뱀과 도마뱀을 합쳐 부르는 것으로, 세계적으로 456속 2900종이나 되며, 우리나라에는 대륙유혈목이, 유혈목이, 비바리뱀, 실뱀, 능구렁이, 구렁이, 누룩뱀, 무자치, 살모사, 쇠살모사, 까치살모사 등 11종이 있고, 도마뱀은 아무르장지뱀, 줄장지뱀, 표범장지뱀, 장지뱀, 도마뱀 5종으로 모두 합쳐 16종의 파충류가 서식한다. 사실 양서류가 그렇듯 열대지방에 널려 있는 뱀 종수에 비하면 16종은 정말이지, 새 발의 피에 지나지 않으니 이는 다 겨울이 이만저만 모질게 추워서 그렇다.

그리고 주행성인 뱀은 눈동자가 똥그랗지만, 오밤중에 돌아치는 야행성인 것은 고양이의 눈동자처럼 세로로 째져 있다. 두 허파 중에서 왼쪽 것이 퇴화하여 활동성이 있는 허파는 오른쪽 하나뿐이고, 등뼈가 자그마치 200~400여 개로 자잘하고 짤막짤막하기 때문에 똬리를 틀 수 있다.

뱀은 '배암'의 준말이다. 뱀이란 말만 들어도 질려 온몸이 오싹해지고 머리숱이 쭈뼛 솟는 것은 아마도 약 올리는 듯 날름거리는 혓바닥, 움직임 하나 없는 붙박이 눈알, 가늘게 째져서 흘겨보는 뱀새눈 때문이리라. '네 다리 동물'에 속하지만 그것들이 이래저래 송두리째 퇴화되어 몸속에 뒷다리 뼈의 흔적만이 남아 있다. 굴이나 담벼락 틈새를 기어 다니는 데 다리가 여간 거치적거렸는지도 모른다는 것이지.

뱀을 불에 그슬리면 감춰져 있던 작은 돌기가 총배설강 끝에 간당간당 삐죽 솟아나니, 그것은 결코 음경이 아닌 뒷다리의 흔적인 것. 그런데 쓸데없는 군일을 하여 도리어 실패하게 될 때를 화사첨족畵蛇添足이라 하고, 줄여서 사족蛇足이라 한다. 뱀 발 있으나 마나인 걸, 뱀을 그리면서 공연히 실물에 없는 네 다리를 멀쩡히 그려 넣었으니, 웃기는 일이 아닐 수 없다.

사실 뱀은 순둥이라 집적거리지 않으면 좀처럼 사람을 물지 않는다. 죽은 양 숨어서 호시탐탐 오도카니 벼르고 있다가 급기야 제가 다칠 위험에 처하면 난데없이 불쑥 정당방위로 날쌔게 공격할 따름이다. 또한 뱀은 제 입보다 더 큰 달걀을 꿀꺽 삼키니, 입 둘레의 턱뼈가 고정되어 있지 않기 때문이다. 머리가 하나같이 삼각형에 가까운 독뱀은 입만 열면 턱의 독니가 저절로 벌떡 곧추서고 독액이 분비되어 날름 먹이를 마비시킨다. 그리고 한번 문 먹이는 목으로 삼켜버리는데, 이는 밖으로 밀려 나오지 못하게 이빨이 안쪽으로 나 있기 때문이다. 뱀독은 종류에 따라서 심장을 정지시키는 신경독 또는 모세혈관을 파열시키는 출혈독으로도 작용한다. 뱀독으로 만든 항독 물질은 뱀에 물린 곳을 치료하는 데 쓰이니 이이제이以夷制夷라, 오랑캐를 오랑캐로 다스리고, 이독제독以毒制毒, 독으로 독을 가시게 한다.

뱀의 눈은 청맹과나나 다름없고, 귀머거리에 코의 기능도 형편없다. 하여 눈, 귀, 코의 할 일을 끝이 포크처럼 잘라진 혀가 대신한다. 계속 혀를 날름날름 내밀어 공기 중의 냄새 분자를 혀끝에 묻힌 후 입천장에 있는 야콥슨 기관Jacobson's organ에 집어넣어 감각을 느낀다.

그리고 눈과 코 사이에 있는 작은 구멍 기관pit organ은 0.003도까지도 구별하는 온도에 매우 예민한 기관이다. 이것으로 뱀은 몸에서 열을 내는 온혈동물을 찾아내어 새나 쥐 같은 주된 먹잇감을 구하니, 이례적으로 열(적외선) 탐지기를 가졌다.

뱀은 사는 동안 일 년에 한두 번씩 되풀이해서 탈피를 하는데, 허물을 벗기 직전에는 먹는 것도 끊는다. 그러면 몸이 축나 여위고 파리해지면서 꼴이 말이 아니다. 음침한 곳에서 힘이 달려 빌빌대며 눈은 흐릿하게 파래지고, 껍질 안이 녹아 미끈해지니, 입 근방부터 껍질이 줄줄이 발가벗겨진다. 얼핏 너절하고 허름한 스타킹을 벗어놓은 듯 버려져 있는 뱀 껍질을 흔히 본다.

뱀들은 양지바른 곳에 들쥐들이 파놓은 구멍에 들어가 죽을 애를 먹고 떼 지어 월동을 하기에 땅꾼들은 뱀 굴 하나를 발견하면 손쉽게 노다지를 캔다. 이윽고 우수·경칩이 다가오는 몹시 이른 초봄, 땅 굴속에서 겨울잠을 자고 있던 뱀들이 갑자기 우르르 요동을 치고 난리가 난다. 여러 암수가 안절부절못하고 서로 몸을 얽히고설키어 공 모양을 하니, 이를 mating ball이라 하는데, 서로 몸을 부비고 문지르며 상대를 흥분시키느라 그런다. 웅성웅성 천방지축으로 날뛰며, 엎치락뒤치락 다잡고 틀어 감아 기고만장하다. 뱀은 특이하게도 음경이 둘로 쪼개진 반음경인데, 팔다리가 없는지라 어설프게 삽입된 음경이 빠져버릴 수가 있다. 그나마 다행인 것은 음경이 두 갈래로 쪼개진지라 양 끝이 옆으로 벌어져서 빠지지 않도록 버틴다니, 조물주의 창조력에 참으로 할 말을 잃는다.

살모사 무리는 새끼가 어미 몸 안에서 거뜬히 알을 깨고 나오는 난태생을 하는데, '어미를 죽이는 뱀', 이른바 살모사殺母蛇란 말은 아마도 새끼들이 거리낌 없이 어미의 배를 가르고 나오는 것이라고 여겼던 탓이다. 억울하고 애먼 살모사 새끼들이다. 살모사 새끼는 절대로 어미를 죽이지 않는다.

꾸물꾸물, 지그재그로 움직이는 뱀 운동을 사행蛇行이라 하는데, 뱀은 가지런히 포개진 비늘을 곧추세워 앞으로 기어가기 때문에 뒤로 미끄러지지 않는다. 담벼락으로 들어가는 뱀 꼬리를 움켜잡고 아무리 끌어당겨 보았자 비늘에 걸려 빠져나오지 않는다. '뒤로 가지 않는 뱀'은 과학의 속성을 꽤나 닮았다.

흔히 뱀이나 개구리를 날것으로 먹으면 고충증에 걸린다. 눈두덩에 퉁퉁 부은 결절結節을 수술 칼로 잘라보면 10센티미터가 넘는 촌충 같은 기생충이 꼬불꼬불 뱅뱅 꼬여들어 있다. 아, 꺼림칙하도다. 바로 만손열두조충Spirometra mansoni이다. 만손열두조충은 최종 숙주가 육식동물인 개, 고양이 등의 창자에 기생한다. 대변을 따라 나간 이 기생충의 알은 물속에서 유충으로 바뀐다. 유충은 제1 중간숙주인 물벼룩에 침입하고, 이 감염된 물벼룩을 개구리, 뱀 따위의 제2 중간숙주가 먹는다. 하여 물벼룩이 떼거리로 사는 물을 마시거나, 개구리나 뱀을 날것으로 먹으면 고충증에 걸린다. 아니나 다를까, 생식生食이 문제로다.

그런데 기상천외하게도 종중에 색이 흰 뱀이 가끔 생겨나니, 색소를 만드는 유전인자가 없는 돌연변이 백사白蛇이다. 맙소사, 그런 뱀은 값이 천정부지로 몇천만 원을 호가한단다. 백사는 허물을 벗어도 흰 뱀 그대로요, 뱀은 죽어도 뱀이라 했지.

+ 꼬리를 잘라주고 내빼는 도마뱀

도마뱀은 세계적으로 3800종이 있으며, 극지방을 제하고는 어디에나 다 산다. 뱀과 달리 네 다리와 겉귀가 있으며, 눈은 아주 발달하여 천연색을 감지하고 자외선도 느낀다. 주로 몸짓이나 체색, 페로몬으로 서로 의사소통하며, 무엇보다 뱀이나 다른 천적을 만나면 스스로 꼬리를 하나 또는 여러 토막으로 잘라버리고 도망가는 특이한 호신술을 가졌다. 잘린 꼬리는 몇 분 동안 경련을 일으키면서 꿈틀거리니, 천적이 놀라 움칠하거나 그것을 마저 집어먹는 동안에 도마뱀은 "옜다, 그거나 먹어라" 하고는 허겁지겁 죽어라 내뺀다.

'도마'란 칼로 음식의 재료를 썰거나 다질 때 밑에 받치는 두꺼운 나무토막이나 널조각이 아닌가. 그리고 도마에는 '자르거나 썰다'는 의미가 들었으니, 긴 꼬리의 일부를 자르고 도망가는 이 동물을 언필칭 '도마뱀'이라 했으리라. 도마뱀은 '네 다리를 가진 뱀'으로 여겨도 틀리지 않으며, 거북·악어·뱀과 같은 파충류 무리이고, 도롱뇽은 개구리나 두꺼비와 함께 양서류라는 것을 혼동하지 말지어다. 어쩜 도마뱀과 도롱뇽의 생김새가 보통 사람 눈에는 별로 다르게 보이지 않아서 하는 말이다. 그런데 알다시피 세상에서 제일 큰 도마뱀은 체장이 3.3미터에 체중이 166킬로그램이나 되는 Komodo dragon으로, 이구아나는 물론 사람도 다치게 한다. 필자도 말레이시아 보르네오에서 놈들을 가까이에서 본 적이 있다.

우리나라 도마뱀 5종은 크기나 체색, 사는 장소가 조금씩 다를 뿐 거의 비슷한 특징을 지닌다. 그중에서 한국 특산종인 아무르장지뱀*Takydromus amurensis*을 대표로 이야기를 이어 가보자. 아무르장지뱀은 몸길이가 15~20센티미터이고, 꼬리 길이가 어림잡아 몸길이의 3분의 2에 달하며, 머리와 주둥이도 길쭉하고 뾰족하다. 뱀목 장지뱀과에 들며, 전체적으로 보아 몸은 갈색이고 옆면에는 진한 갈색 또는 검은색의 넓은 띠가 있다. 눈꺼풀이 발달되었고, 긴 혀는 뱀처럼 끝이 두 가닥으로 쪼개졌다. 그리고 먹이를 먹을 때 뱀처럼 아래위턱이 분리되지 않는다. 등짝에 세로줄 8개와 가로줄 22~28개가 있고, 몸통은 길며, 네 다리에는 전형적인 발가락 5개가 모두 있다. 수컷은 암컷보다 머리가 크고, 생식 시기에는 다른 동물과 마찬가지로 몸 색깔이 한층 화사하고 선명해진다.

곤충류, 거미류, 지렁이, 달팽이 등을 잡아먹으며, 다른 장지뱀류와 달리 번식 시기에는 종종 세력권 다툼을 한다. 우리나라 전국 어디에서나 서식하니, 산기슭 언덕배기의 잡초가 무성한 곳이나 햇볕이 잘 드는 양지쪽 능선, 묵정밭, 경작지, 둔치 등에서 흔히 보이고, 이른 아침에는 해가 잘 드는 곳에 나와 몸을 데우고 있는 것을 볼 수 있다. 변온동물은 이렇게 태양열로 몸의 온도를 올려 활동한다고 앞서 여러 번 이야기했다. 몸이 다치거나 꼬리를 잘랐을 때 지체 없이 이렇듯 따뜻한 햇볕을 쬐어서 체온을 높인다고 하니, 일종의 '열 치료법'이다. 이럴 때 꼬리가 괴상하게 비정상적으로 재생한 녀석들을 더러 만날 수도 있다. 또한 도마뱀의 꼬리는 달리기, 몸의 균형 유지, 나무타기, 구애, 짝짓기, 영양분 저장 등에 두루 중요한 일을 한다.

아무르장지뱀도 뱀과 마찬가지로 1년에 1회 이상 허물을 벗으며, 영양 상태가 좋으면 여러 차례 반복하는 수도 있다. 딱딱한 껍데기를 둘러쓴 도마뱀은 더 이상 자라지 못한다. 하여 자주 허물을 벗을수록 그만큼 빨리 자라는 것이다. 도마뱀의 짝짓기도 특이하여서 눈매가 매섭고 맑은 수컷이 입을 크게 쩍 벌렁거리고 목줄기를 불룩하게 쑥 부풀리며 꼬리를 살래살래 흔들어 암컷을 꼬드기거나, 성페로몬을 분비하여 유인하기도 한다. 알은 보통 1회에 3~4개를 낳으며, 주로 양지바른 돌무덤이나 푸짐하게 쌓인 낙엽 더미에 산란하고, 태양열이나 낙엽이 썩을 때 내는 열을 받아 새끼가 태어난다. 뱀과 마찬가지로 어미가 알을 지키는 일은 없으며, 도마뱀은 난태생이지만 장지뱀류는 모두 난생이다. 알은 메추리알보다 훨씬 작으나 꼴은 닮았으며, 껍질이 말랑말랑하여 깨지지 않는다.

도마뱀은 자기 방어 기제와 생존 전략도 남다르다! 다름 아닌 스스로 꼬리 자르기가 도마뱀의 특징이기에 여기에 따로 논한다. 자절自切은 영어로 eautotomy로, auto는 '스스로', tomos는 '자름'이란 뜻이기에 몸의 일부를 자기가 스스로 댕강 잘라버리는 것을 의미한다. 모든 도마뱀이 그런 것은 아니지만 재깍 떼어 주고 가까스로 도망가는 도마뱀의 꼬리는 색깔이 현란하고 대비되는 무늬가 입체적으로 보이며, 앞뒤로 까딱까딱, 꼬물꼬물 꼼지락거리는 것이 포식자의 눈길을 끌기에 충분하다. 말해서 눙치고 따돌리는 꼼수요, 바람잡이라 하겠다.

물론 포식자에게 들켜 꼬리를 잡히거나 물리면 금방 꼬리 근육을 수축하여 일부를 어렵지 않게 후딱 떼어 줘버리니, 이것은 도마뱀의 척수반사에 의한 일종의 본능이다. 다행히 꼬리 괄약근이 꼬리 동맥을 수축하여 짓무른 자리의 출혈을 최대한 줄인다고 한다. 그런데 아무 데나 자르는 것이 아니고, 꼬리에 미리 형성된 특정 부위인 탈리절脫離節만 자르며, 탈리절은 꼬리뼈 마디 사이가 이어진 곳이다. 또한 포식자에게 꼬리를 잡히기 전에도 아주 위험하다 싶으면 명운을 걸고 멀쩡한 꼬리를 스스로 잘라버리려고 몸부림친다. 도마뱀은 몸통을 그냥 잡고만 있어도 꼬리를 세차게 흔드는데, 꼬리 중간쯤에 피가 동그랗게 배어 나오는 것을 볼 수 있다. 막간다는 말이 옳고, 피맺힘이 뭘 말하는지 독자들은 알 것이다.

꼬리를 잃는다는 것은 거기에 저장해둔 지방과 단백질을 잃는 것이라 커다란 손해이지 않을 수 없다. 하지만 어쩌랴. 하마터면 몽땅 통째로 먹힐 뻔했는데, 그보다야 낫지 않은가? 아주 어린 도마뱀은 잘라버릴 꼬리가 작아서 냉큼 사로잡혀 먹힐 위험이 더 크고, 잃어버린 꼬리를 차일피일 재생하는 동안에는 내처 성장이 멈출뿐더러 줄곧 생식 활동도 할 수 없다. 그리고 색과 무늬를 가진 꼬리를 잃는다는 것은 또 다른 포식자를 만났을 때 떼어줄 꼬리가 없으니 무척 위험하고, 같은 종끼리의 소통에도 문제가 생겨 멋쟁이 짝을 찾는 것도 힘들어진다. 게다가 잘려진 꼬리 부위는 생기다 마는 수가 있고, 생긴다 해도 원래와 같이 딱딱한 뼈가 아니고 물렁한 연골이다. 살갗도 예전과 달라서 몸통 색깔과 어울리지 않게 영 딴판이다. 그러나 생고생을 해도 그게 어딘데.

많은 무척추동물이 도마뱀과 유사한 생존 전술을 쓴다. 문어,

게, 거미불가사리, 갯가재, 거미 따위도 위급하면 사정없이 스스로 다리를 자르며, 민달팽이 일종도 꼬리 부분에 힘을 줘 다짜고짜로 자른다.

참 생경하게 느껴지는 일을 본 적이 있었다. 내 아내가 꽃게를 사와서 다듬느라 도마 위에 꽃게를 올려놓고 다리 끝자락 하나를 탁! 칼질을 했는데, 세상에! 나머지 모든 성한 다리들이 느닷없이 와르르, 좌르르 잘려나가더라. 맙소사, 나는 순간 정말이지, 망연자실하였다. 대아大我를 위해 소아小我를 희생한다는 거룩한 정신!?

해삼은 스트레스를 받으면 영락없이 내장을 토해버리니, 이 또한 일종의 자절이요, 자해라 하겠다. 좀 다르긴 하지만 지렁이나 플라나리아도 몸의 일부를 잘라 개체 증식을 하니, 이는 생식 자절이며, 또 꿀벌은 다른 동물에게 벌침을 쏘면 침이 몸에서 빠져나가버려 새로 나지 못하고 그만 죽고 마는데, 이것도 일종의 자절이다. 또한 수벌도 여왕벌과 짝짓기를 할 적에 생식기를 여왕벌의 질에 몽땅 집어넣고 곧바로 죽는다. 그 생식기가 마개를 만들어버리기에 다음 수벌은 그것을 뽑아내야 교미할 수 있다. 꾀보 수놈들의 이기적인 행동은 알아줘야 한다! 아니, 어찌 보면 불쌍하고 애처롭다.

하늘이 내린 소리를 가진 조류

앞다리가 날개로 변형되어 공중을 날 수 있는 조류는 파충류인 공룡에서 진화한 것이라 여긴다. 갈비뼈는 납작하고, 커다란 가슴뼈에는 튼튼한 날개 근육이 달라붙어 있으며, 입은 양 턱뼈가 돌출하여 각질로 된 부리로 되어 있다. 피부가 깃털로 변해 온몸을 덮고 있는 온혈동물로, 체온은 포유류(36~37도)보다 높은 40~44도이다. 땀샘이 없고, 미지선尾脂腺의 기름으로 깃털을 방수한다. 또 새들 중에서도 맹금류는 먹이를 먹고 나서 소화되지 않는 털이나 뼈 따위의 부스러기를 환약(알약) 모양으로 토해내는데, 이를 펠릿pellets이라 한다.

먹이는 일단 식도의 일부인 모이주머니에 저장했다가 생뚱맞게 잔돌 따위를 닥치는 대로 일부러 주워 먹는다. 그리하여 이가 없는 대신 위에 해당하는 모래주머니가 먹이를 작게 부수고 갈게끔 해서 빠르게 소화를 한다. 어미 새는 모이주머니에서 토해낸 것을 새끼에게 먹이니, 이를 crop milk라 한다.

질소대사 노폐물은 요산인데, 조류는 체중 감소를 위해 하나같이 방광이 없기에 소변 성분인 이 요산은 대변에 묻어나간다. 사람 몸에 요산이 넘치면 일파만파로 면역세포가 이를 공격하니, 그때 관절염이 생기거나 바람만 스쳐도 아프다는 '왕의 병',

통풍이 생긴다고 하지.

하늘이 내린 소리를 가진 탓에 죽었다 깨어나도 흉내조차 못 내는, 그야말로 샘나기 그지없는 새들이다! 새들은 숨관의 아래 부위가 근육주머니로 변해 울대로 울음소리를 내고, '제3의 눈꺼풀'이라 부르는 순막瞬膜이 눈알을 뒤덮고 있다. 이 때문에 눈알을 움직이지 못해 노상 머리를 이리저리 움직여 포식자나 먹잇감을 찾는다. 냄새를 맡는 기능은 떨어지지만 눈은 썩 발달한 편이라 녹색, 적색, 청색 외에도 자외선을 감지한다. 암수의 성은 성염색체 X, Z로 결정되는데, 사람은 여자가 XX이고, 남자가 XY인 것과 다르게 조류는 수놈이 ZZ, 암놈은 WZ이다. 세계적으로 1만여 종이 현재 널리 살고 있으며, 5센티미터밖에 안 되는 유달리 작은 벌새부터 2.75미터나 되는 타조까지 존재한다.

+ 황새야, 백로야, 우리 땅으로 돌아와라

황새는 황새목 황새과의 대표적인 조류이다. 물새는 크게 물에서 물갈퀴로 헤엄쳐 다니는 수금류와 긴 다리로 낮은 물 위를 걷거나 물가에서 생활하는 섭금류로 나뉘는데, 황새는 후자에 속한다. 우리나라에서는 6·25전쟁 난리 통에 휘말리고, 사나운 동물 밀렵꾼들에게 번번이 날벼락을 맞아 어이없게도 모두 희생되고 말았다. 마지막 번식지였던 충청북도 음성의 한 쌍마저도 1971년 4월 마구잡이로 설치는 밀렵으로 수컷이 사살된 이래 암컷 혼자서 번식하지 못하고 지내다가 영영 꼬꾸라지고 말았고, 현재는 경희대학교 자연사박물관에 표본으로 보관되어 있다. 청천벽력도 유분수지, 원통하고 분통하고 절통할 일이다. 낯가죽이 두꺼워 뻔뻔스럽고 부끄러움이 없을 때를 후안무치厚顏無恥하다고 한다지? 흔하게 쓰는 싹쓸이란 단어가 이 고운 새에도 해당한다니 내내 마음에 걸린다. 그러니 하찮게 여기는 여타의 동물들은 어떠하겠는가?

다행히 지금에 와서 개체 수를 제법 늘렸다고는 하는데 애석하게도 뒷감당에 힘이 부치는 모양이다. 1996년부터 러시아에서 황새 새끼 2마리를 들여오기 시작하여 2014년에는 무려 150마리의 황새를 보유하기에 이르렀으나 문제가 생겼다. 이미 황새복원센터가 포화상태라 되레 번식을 억제해야 한다는 것이다. 그래서 심지어는 어미가 낳은 알 4~5개 중에 2~3개를 가짜 알로 바꿔치기 하기도 했다고 한다. 더 큰 문제는 이 황새들을 예산군의 황새마을로 옮길 예정이지만 이에 따른 재원이 부족하다는 것이다!

무엇보다 비오톱biotope 조성이 문제라는 이야기인데, 비오톱은 그리스어로 생명을 의미하는 비오스bios 와 '땅' 또는 '영역'이라는 의미의 토포스topos 가 결합된 용어로, 인간과 동식물 등 다양한 생물들의 공동 서식 장소를 의미한다. 여기서 비오톱은 황새가 나들이를 하고 돌아와 잠을 자고, 집을 지어 새끼치기 등을 하는 장소를 말하며, 엇비슷한 말인 '서식지'보다 좀 더 좁은 의미라 하겠다. 다시 말하지만 그들을 자연에 돌려보내는 데는 많은 애로隘路가 있다. 사람이나 자동차가 말썽이라 어디에다 조용히 집을 지을 것이며 농약이나 제초제로 미꾸라지 등의 먹잇감이 사라진 것도 문제요, "황새 몇 마리 때문에 대대손손 손자국과 발자취가 묻어 정 붙이고 산 농토에서 농사도 짓지 말라는 말이냐"며 노농들께서 땅을 치고 통곡을 할 것이다. 녹록지도 않고 호락호락하지도 않아 애 키우기보다 훨씬 힘든 황새 치기이다! 그래도 결국 우여곡절 끝에 황새 60마리를 예산군 황새공원으로 옮기는 데 성공했으며, 45년 만인 2016년에는 자연 부화에 성공했다고 한다. 듣던 중 반가운 소식이다!

같은 황새목에는 중대백로*Egretta alba modesta*가 있다. 중대백로는 우리나라에서 백로 무리를 대표하는 황새목 왜가리과의 조류이며, 몸길이는 90센티미터이다. 백로와 왜가리는 생리도 아주 비슷하여 이 둘은 함께 오붓하게 혼서混棲하면서 번식도 같은 곳에서 한다. 두 무리가 아주 생물학적으로 가깝다는 의미이다.

"까마귀 검다 하고 백로야 웃지 마라. 겉이 검은들 속조차 검을쏘냐. 겉 희고 속 검은 이는 너뿐인가 하노라"는 지극히 맞는 말이다. 북극의 백곰도 털은 희지만 아래 살갗은 검어서 햇볕을 모아 보온을 한다. 이처럼 백로 또한 바깥의 깃털은 아주 하얗지만 속살은 검다. 반대로 "까마귀가 검어도 살은 아니 검다" 하듯이 까마귀는 검을수록 햇살을 잘 모으기에 겉 털이 검지만 살갗은 검지 않다.

백로는 추운 겨울은 남쪽 나라에서 보내고, 봄에 우리나라에 와서 여름에 알을 낳고 새끼를 키운다. 그리고 가을에 새끼를 데리고 남으로 돌아가는 여름새이다. 그런데 백로는 우리나라에서 늘 머무는 텃새가 아닐 뿐이지, 여기서 새끼를 낳고 키웠으므로 이들 여름새의 고향(안태본安胎本)은 바로 우리나라이다. 그래서 우리나라 새이기에 가을에 갈 놈이라고 선입관이나 편견을 가지지 않아야 한다. 겨울 추위를 따뜻한 곳에서 살짝 피한 다음에 다시 간신히 집으로 돌아오는 백로들이다! 우리나라는 백로 땅!

우리나라에 오는 백로 무리는 여기서 대표로 논하는 중대백로 말고도 여럿 있다. 몸길이 95센티미터로 백로들 중에서 가장 큰 '대백로'와 몸길이 65센티미터로 드문 여름새인 '노랑부리백로', 몸 색이 잿빛이고 완도·제주도·추자도의 텃새이며 몸길이 62.5센티미터인 '흑로', 그 외 몸길이가 각각 68.5센티미터, 61센티미터인 '중백로'와 '쇠백로'가 있다.

춘천의 애막골, 매일 한 바퀴씩 도는 산책 길가의 논에서 먹이를 찾는 중대백로를 자주 만난다. 이놈은 자작한 무논에 사뿐히 내려앉아 발 담그고, 고개를 우뚝 세워 뚜벅뚜벅 걷다가 갑자기 멈춘다. 그러고는 고개를 살짝 앞으로 내려 구부리면서 눈길을 논바닥 물속에 두고 뚫어지게 내려다본다. 뭔가 가물가물 움직이는 것이 보인다!? 순간적으로 긴 부리로 덥석, 콱 내리찍는다. 뭔지 몰라도 잡았다! 성공했다! 아가리를 슬쩍 벌리고, 모가지를 뒤로 휙 젖혀 먹잇감을 목구멍으로 틀어넣고는 단숨에 꿀꺽꿀꺽 삼킨다. 먹는 것 말고는 아무런 딴 생각이 없어 보이는 백로! 그러고는 또 이리저리 기웃기웃 두리번거리고, 힐끗힐끗 눈치를 보며 논바닥을 헤집고 다닌다. 서너 마리가 위아래 논에 서로 멀찌감치 떨어져서 먹이 사냥에 열중하느라 내가 멀리서 노려보고 있는 것조차 모르는 듯하다. 삼매경이 따로 없다!

익숙한 듯 낯선 포유류

포유류mammals는 '젖을 먹이는 동물'을 일컫는다. mammal의 mamma는 라틴어로 '젖꼭지'란 뜻으로, 중요한 것은 역시 우유이다. 2005년 기준으로 지구에 어림잡아 153과 1229속 5676종이 알려져 있고, 알을 낳아 부화시켜 젖을 먹이는 하등 포유류인

오리너구리와 바늘두더지 같은 단공류 5종을 제외하고는 모두 새끼를 낳는 태생이다.

포유류가 갖는 특징을 크게 보아 첫째로 암컷들은 땀샘이 변한 젖샘의 젖으로 새끼를 기른다. 둘째, 아래턱뼈가 1개인 통뼈이며, 가운데귀에 망치뼈, 모루뼈, 등자뼈라는 3개의 작은 청소골이 들어 있다. 셋째, 가슴과 배를 가로로 나누는 횡격막이 있고, 온몸에 털이 난다. 넷째, 방이 4개인 심장에서 다른 동물은 여러 개의 대동맥이 각 방향으로 뻗어 있는 데 반해 포유류는 왼쪽으로 굽은 대동맥궁이 하나 있다. 다섯째, 적혈구에는 핵이 없고(골수에서 생기는 경우는 있음), 여섯째, 박쥐나 고래, 기린과 사람 모두 목뼈가 일곱 개 있다. 그 밖에도 구구한 것이 많지만 젖니, 간니(영구치)가 있으며, 코와 입이 나누어져 있고, 대부분의 암컷 포유류는 태반이 있다. 조류와 같이 정온동물에 들기 때문에 늘 체온을 일정하게 유지해야 해서 변온동물보다 더 많은 먹이를 섭취한다.

+ 사람 닮은 돼지, 돼지의 장기를 사람에게!

집돼지는 척추동물문 포유강 우제목 멧돼지과의 동물이며, 산돼지를 길들이기(순치馴致)한 것으로 집돼지와 산돼지를 교잡하면 같은 종이라 잡종이 태어난다. 한국 토종 돼지를 포함하여 개량 품종이 천차만별이라 요크셔, 버크셔 등 1000가지가 넘는다고 하는데, 이를테면 2007년 기준으로 중국에만도 4억 2500만 마리를 키웠다고 한다. 집돼지는 멧돼지의 아종이며, 우리나라는 어림잡아 2000년 전에 돼지를 사육하기 시작한 것으로 짐작된다. 이 재래종은 조선 말엽까지 내내 사육되어 오다가 시도 때도 없이 외래종이 도입되면서 애꿎게도 점차 사라지게 되었다.

돼지는 아주 굵고 뚱뚱한 몸통에 비해 다리가 짧고, 피하지방이 굉장히 두껍다. 또한 눈이 작은 편이고, 유달리 꼬리가 짧다. 발가락은 넷이지만 그중 앞의 두 개가 아주 큰 발굽으로 몸무게를 떠받치고, 발굽이 짝수인 우제류이다. 삐죽한 입 둘레에 둥그렇고 두꺼운 육질이 있으며, 거기에 콧구멍 두 개가 뻥 뚫려 있다. 큰 머리에 삐죽 나온 긴 주둥이는 코와 입술이 합쳐진 것으로, 돼지는 이것으로 기를 쓰고 땅을 파서 먹잇감을 찾는다. 코끼리의 코 역시 코와 입술이 합쳐진 것인데, 코끼리의 상아는 앞니가 길어진 것이고, 산돼지의 뻐드렁니는 송곳니가 길어진 것이다.

"돼지 떡 같다"는 무엇인지도 모르게 범벅이 된 물건이 지저분할 때를 말하고, "꿀꿀이죽"이라거나 "돼지 먹 감은 물"이란 말은 건더기는 없고 물만 많을 때를 일컫는 것이다. 무엇보다 새끼를 잘 낳기로 유명하여서 수컷에게 안긴 지 115일이면 예사로

6~10마리를 낳는다. 그리고 7~8주가 지나면 젖을 떼고, 이유離乳 후 일주일 뒤면 또 발정을 한다니 정말로 다산 체질이로다. 돈豚은 돈money이다! 돼지는 다산과 재물을 상징한다. 그래서 돼지꿈을 꾸면 복권을 사고, 여러 마리 새끼가 어미젖을 물고 있는 돼지 그림이 이발소나 음식점 벽에 그리도 많이 걸려 있었나 보다. 어미의 젖꼭지는 14개이고, 영리한 돼지 새끼들은 먹이 경쟁을 피하기 위해 제가 먹을 어미 젖꼭지를 정해 났다니, 영특하기 짝이 없다. 제 젖꼭지를 찾아 그놈만 물고 빤다는 말이다.

영어로는 pig, hog, swine이고, 수돼지는 boar, 암돼지는 sow로 쓴다. 한자어로는 저猪, 시豕, 돈豚, 해亥 등으로 적으며, 말도 진화를 하니 내가 초등학교 다닐 때만 해도 돼지가 아니라 '도야지'가 표준어였다. 윷놀이에서 '도'는 돼지의 곁말이요, 윷판에는 개, 걸, 윷, 모, 즉 개, 양, 소, 말이 달리기를 한다. 또 "돼지 꼬리 잡고 순대 달란다"는 무슨 일이든 이루기 위해서는 일정한 단계를 거쳐야 하는데 성급하게 요구를 한다는 말이다.

'돼지'라거나 '돼지 같은 녀석' 하면 아무거나 잘 먹고, 욕심이 많거나 몹시 무디고 미련한 사람을 비유하는 것이며, 흔히 뚱뚱보의 놀림조로 쓰기도 한다. '똥 돼지'란 말은 그래도 귀염성이 잔뜩 묻어 있는 놀림 말이다. 원래 똥 돼지는 제주도에서만이 아니라 세계 곳곳에서 살던 동물이었다고 한다. 옛날에는 2층

목책을 만들어 위 칸은 측간으로, 아래 칸은 돼지우리로 썼다. 필자도 제주도에서 체험한 일이지만, 컴컴한 지하에서 대가리를 쳐들고 꿀꿀거리는 것이, 똥줄이 막히고 모골이 송연했었다. 요새도 중국의 시골집에서는 똥 돼지가 마당을 삶의 터전으로 삼고 닭과 함께 돌아치니, 고리타분하고 퀴퀴한 냄새가 나더라. 그러나 본디 그렇게 터줏대감으로 함께 살았으니 냄새가 무슨 대수인가.

어린 마음에 눈물을 글썽이며, 먼발치에서 멍하니 서서 속으로 어른들을 '뼛속까지 나쁜 사람들'이라고 나무랐었다. 도대체 어쩌면 저리도 잔악하고 엽기적으로 산 생명을? 돼지가 죽음을 당하는 그 끔찍한 모습이 아직도 눈에 밟힌다. 똥오줌으로 질퍽한 돼지 외양간에서 한데로 끌고 나와 네 다리 꽁꽁 묶어 옆으로 누여 놓고는 가차 없이 예리한 칼로 뎅겅 목을 땄으니, 물밀듯 토하는 붉은 선혈을 놋대야에 모아 돼지 창자에 넣어 순대를 만들었다. 동네방네 내지르는 앙칼진 돼지의 목소리가 여태 귀에 쟁쟁하다. 하여 "돼지 멱따는 소리"는 아주 듣기 싫도록 꽥꽥 지르는 소리를 일컫는데, 새끼 수퇘지 놈의 불알을 깔 때는 더 심하다. 알다시피 수컷의 고환을 떼어버리면 적이 성장속도가 빠를뿐더러 수컷 호르몬 탓에 생기는 지린내도 사라진다. 그런데 돼지의 꼬리는 몸피에 비해 작고 동그랗게 말려 있는데, 이를 닮은 짧게 땋은 머리를 흔히 pigtail이라 한다.

그리고 돼지를 잡는 날은 동네 사람들이 삼삼오오 모여들어 어정거리니, 꼬마둥이 우리들도 한껏 안절부절 기대에 부푼다. 잡은 돼지에 펄펄 끓는 물을 끼얹고는 속속들이 잔털까지 빡빡 배코질하고, 장정들이 낑낑 지게에 지고 강가로 나간다. 마침내 이 사람 저 사람이 팔을 걷어붙이고는 배를 가르고, 기름기를 도려내고, 꼼꼼히 살을 뜨고……. 한편에는 내장이 늘비하고, 핏물은 강을 흥건히 적신다. 아등바등 둘레를 에워싼 또래들은 조마조마 안달복달이다. 북새통이란 말이 맞을 듯. 이윽고 "옜다, 가져가라!" 하고 아랫도리에서 통째로 싹둑 잘라 던져주니, 우르르 아우성치며 오줌보를 빼앗느라 옥신각신 실랑이가 벌어진다. 돼지 방광에 바람을 힘껏 불어 넣어 빵빵해지면 논바닥에서 쏘다니며 마음껏 뻥뻥 공차기를 했다. 여태 가는 새끼를 둥그렇게 둘둘 말아 찼던 단단한 짚 공에 비하면, 돼지 방광은 펑! 펑! 하는 소리뿐만 아니라 반들반들 가뿐한 것이 발등에 닿는 감촉까지 좋다. 마수걸이가 따로 없다. 어른들은 영양 덩어리인 생간 말고도 소화제인 췌장을 자기네들끼리 뚝뚝 잘라 먹고는 냉큼 소주 한잔씩을 털어 넣어 출출한 배를 달랜다. 요새는 덜하겠지만 돼지고기에는 기생충이 들었으니, 날것이나 덜 익힌 돼지고기를 먹으면 갈고리촌충*Taenia solium*에 걸린다. 어쩌다가 돼지회충

*Ascaris suum*이 나오는 날에는 어른들이 다발째 던져주니 주렁주렁 그놈들을 목에다 걸었고…… 그 일들이 어제 같구나! 추위에 손가락이 곱아 호호 입으로 불고, 콧물 줄줄 흘리면서 공차기 하던 그 어린 시절은 정녕 다시 오지 않는 것일까.

그리고 집집마다 돼지거름을 얻기 위해서라도 돼지 한두 마리씩을 어김없이 키웠다. 돼지는 의외로 쓰임새가 많아 고기에다 기름, 가죽, 내장, 갈비뼈, 털, 피, 발까지 몽땅 인간에게 준다. 돼지기름으로 전을 부치고 비누를 만들며, 피와 내장으로 순대를 만들고, 뼈다귀로는 감자탕을 해 먹는다. 돼지 머리 없이 고사는 어떻게 지내며……. 참고로 맛깔 나는 돼지고기 집 메뉴판에 '갈매기 살'이란 것이 있는데? 그것은 가로막 살로, 흉강과 복강 사이에 있는 횡격막에 붙은 단단한 근육인 것.

돼지는 매우 사회성이 높고 영리한 동물이며, 사람과 훨씬 가까운 동물이다. 서양 사람들은 항아리마냥 배가 볼록한 영리한 베트남 돼지를 개처럼 애완용으로 키운다고 하고, '송로 돼지'라고, 아름드리 소나무가 가득 난 땅속에서 자라는 서양 송로 버섯을 캐도록 길들인 돼지도 있다고 한다. 세계 3대 진미로는 송로버섯인 트러플truffle, 거위 지방간 요리인 푸아그라foie gras, 철갑상어의 알인 캐비아caviar 라 하는데, 맛은커녕 두고두고 꼴도 보지 못하였으니…….

녀석들은 덩치에 비해 폐의 크기가 작은 축이라 힘 좀 쓰고 나면 씩씩거린다. 당뇨가 심한 사람은 인슐린이라는 주사를 맞는다. 생체 인슐린으로는 주로 소나 돼지의 췌장에서 뽑은 것을 쓰는데, 소의 것보다 돼지의 것이 더 효과가 있어서 비싸다고 한다. 이렇게 척추동물의 호르몬은 서로 다르지 않아서 사람에게도 쓴다. 그리고 심장이나 콩팥 같은 돼지의 장기를 사람에게 이식하기 위해 돼지를 키우며 연구 중이라 하는데, 이는 사람의 장기와 돼지의 장기가 크기나 여러 면에서 대강 닮은 탓이다. 더욱이 노부부는 닮는다더니만, 정말이지 긴긴 세월 같이 살아온 돼지라 그냥 사람을 닮은 것일까?

2012년 3월 1일자 〈중앙일보〉에서 무균 돼지의 간세포를 떼어 배양하여 '인공 간'을 만들어 사람의 피를 정화시키는 임상 실험을 하게 되었다는 기사를 읽었다. 그로부터 2년 후인 2014년에는 간성 혼수상태에 빠진 환자에게 삼성서울병원의 의료진이 인공 간을 이식하여 치료에 성공했다고 한다. 또한 지금도 인공 간 개발을 위한 임상 연구를 활발히 진행 중이라고 하니, 돼지야, 고맙다!

+ 사향 탓에 죽어나는 사향노루

"사향노루는 사향 때문에 죽고, 사람은 입 때문에 죽는다"고

하는데, 곰의 운명도 사향노루와 무이無異하다. 그리고 "풍경風磬이 있으면 맑은 소리 울려나고, 궁노루 있으면 향내가 풍기는 법이다"라고 한다. 정말 그렇다! 그런데 여기서 말하는 궁노루는 다름 아닌 사향노루이다.

사향노루는 소목 사슴과에 속하는 포유류로, 시베리아, 카자흐스탄, 중국 북서부, 남북한, 몽고 등지에 토착하여 살고, 비슷한 아종들이 다른 곳에도 더러 살고 있다고 한다. 주로 1900~2600미터 고지에 서식하니, 천적에게 잡아먹히지 않기 위해 북쪽으로 향해 있는 언덕배기 숲이나 아주 뾰족한 바위가 즐비한 곳에서 주야장천 빈둥거리지만, 여름에는 나무가 짙게 우거지고 강가의 풀이 수북한 곳으로 털레털레 내려오는 수도 있다.

우리나라에서는 천연기념물 제216호로 지정된 멸종 위기에 처한 동물로, 2006년 9월 오랜만에 강원도 양구에서 수컷 한 마리가 포획된 후 아직까지 감감무소식이다. "죽은 사람도 살린다"는 고가의 한약재인 사향을 얻기 위한 밀렵은 물론이고, 6·25전쟁 탓에 1960년대를 기점으로 남부 지역에서 거의 사라졌다. 그러나 학계에서는 현재 똥이나 발자국 등 여러 흔적을 통해 강원, 전북, 경북 등 산악 지대에 족히 30여 마리가 줄기차게 모질음을 다해 명맥을 이어가고 있을 것으로 보고 있다.

사향노루는 발굽을 가진 유제류에 발굽이 짝수인 우제류이고, 진짜 사슴보다 좀 하등한 축에 속한다고 한다. 몸길이는 약 85~87센티미터, 어깨 높이 56~67센티미터, 꼬리 길이 약 27센티미터, 몸무게 15~17킬로그램 정도로 비교적 크기가 작은 사슴이다. 엉덩이 쪽이 어깨쪽보다 약간 높고, 귀는 크지만 꼬리는 아주 짧다. 뿔은 암수 모두에게 없고, 수컷은 위턱 송곳니가 길게 자라 칼날 같은 엄니가 입 밖과 아래턱 밑으로 뻗었으며, 이는 평생 10센티미터까지 자란다고 한다. 단 한 쌍의 젖꼭지를 가지고 있고, 사슴·노루·고라니와 같은 다른 사슴 무리와는 달리 담낭(쓸개)이 있다. "뿔과 이빨을 다 주지 않는다"고 하더니만 사향노루나 고라니는 엄니가 발달한 대신 뿔이 없으니, 이 또한 보상 현상인 것!

　　몸의 빛깔은 어두운 갈색이지만 계절에 따라 조금씩 변하고, 얼굴은 캥거루를 닮았다. 몸은 똥똥한 편이고, 앞다리는 가늘고 짧지만 뒷다리는 길고 힘이 세며, 달리기보다는 뒤뚱뒤뚱 걷는 편이다. 발굽은 길고 넓어서 까마득하게 높고 뾰족뾰족하게 깎아지른 암벽에서도 미끄러져 구르지 않을뿐더러 흙이나 눈에도 잘 빠지지 않는다. 후각은 둔한 반면, 청각과 시각이 뛰어나 눈치 빠르게 멀리서도 쉽게 위험을 감지한다.

　　수컷이 갖는 사향 냄새는 이들이 살아가는 데 아주 중요한 몫을 한다. 수놈은 3종류의 향 샘을 가졌으니, 발가락(발굽) 사이의 제간샘, 꼬리에 있는 꼬리샘, 사향을 분비하는 사향샘이 그것이다. 그중 사향샘은 둥그스름한 것이 생식기와 배꼽 사이에 있고, 성체 수컷만이 사향을 만든다. 암적갈색인 사향은 왁스 같은 물질로 3000분의 1을 희석해도 냄새가 난다.

좀 더 보태면 사향은 배꼽 근방의 피하에 있는 향낭 속에 들었다. 향낭은 크기가 달걀만 하고, 주성분은 무스콘muscone으로 동물이 만드는 유기화합물 중에서 가장 비싼 것이다. 수놈 한 마리에서 수십 그램을 뽑는데, 1킬로그램에 4만 5000달러를 호가한다고 하니 말이다. 사향은 옛날부터 향수 말고도 흥분과 경련을 가라앉히는 진경제로, 또 기절하였을 때 정신이 들게 하는 영험한 약으로도 썼다. 그뿐만 아니라 사향과 함께 녹용과 산수유, 당귀 등을 넣은 공진단拱辰丹은 '타고난 원기를 든든히 하며, 신수腎水와 심화心火가 잘 오르내리게 하여 오장이 조화되고, 병이 생기지 않게 하는 처방'으로 유명하다 한다. 금강산의 녹용, 지리산의 인삼, 한라산의 지초芝草인 삼신산불사약三神山不死藥이 따로 없구려. 곰이 웅담 때문에 죽어나가듯이 사향노루는 이 사향 탓에 죽는다. 근간에는 아주 값싼 인공 합성 사향으로 대치하기에 이르렀으니, 향수로 쓰기 위해 수놈 사향노루를 죽일 필요가 없어졌다. 거참, 듣던 중 반가운 소리이다. 진즉 그럴 것이지.

수놈이 사향을 갖는 까닭이 있을 터. 그렇지 않은가? 그들도 대소변이나 체취로 서로 정보를 교환하고, 또 꼬리샘이나 제간 샘에서 분비하는 강한 냄새 물질을 풀이나 땅바닥에 묻혀서 영역 표시를 한다. 특별나게도 수컷은 영역을 표시하는 수단으로 사향을 쓰니, 약한 수놈들은 사향 냄새가 나는 근처에 얼씬도 못한다. 그런가 하면 사향 냄새를 맡고 암놈들이 가까이 찾아오기도 하고, 그보다도 11~12월경의 수놈들끼리 치고받는 발정기에는 사향과 소변을 한꺼번에 섞어 사방에 싸질러 놓아 암놈으로 하여금 발정과 배란을 하게 한다. 거꾸로, 옛날에 궁중 여인이나 대갓집 여인네들이 바로 이 사향을 향낭에 넣어 옷섶에 간직하였으니, 남정네들의 마음을 사기 위함이었다 한다.

수줍고 겁이 많은 사향노루는 홀로 살며, 야행성으로 짧은 거리만 이동한다. 보통 새벽과 저녁 무렵에 먹이를 뜯고, 낮에는 큰 나무의 덤불숲에서 숨어 지낸다. 먹이는 주로 균류와 조류가 공생하는 식물인 지의류로, 나무에 난 지의류를 하루에 0.8킬로 그램 정도 뜯는다. 풀이 없는 겨울철에는 작은 나뭇가지나 수피, 풀잎, 침엽 따위를 먹지만 때로는 풀이나 곡식들을 먹기도 한다.

+ 이빨을 준 자에게는 뿔을 주지 않는다

다음은 노루와 고라니의 비교이다. 서로 아주 비슷한 노루와 고라니는 둘 다 소목 사슴과 포유동물로, 반추위를 가지고 되새김하며 생김새도 꽤나 비슷하다.

노루는 체장 95~135센티미터, 어깨 높이 65~75센티미터, 체중 15~30킬로그램으로 고라니보다 훨씬 크고, 유럽 노루 *Capreolus capreolus*가 우리 노루보다 몸집이 좀 크다. 곧추선 뿔은 수컷에만 있으며, 그 길이가 길게는 20~25센티미터에 달한다. 뿔 끝에 3~4개의 짧은 가지를 치며, 오래된 뿔은 빠지고 새로 난다. 녀석들은 해 질 무렵에 가장 활발하고, 비산비야非山非野의 비탈진 나무숲에서 살지만, 먹이를 찾아 산언저리 풀숲에도 나가서 풀을 뜯는다. 부스럭 소리만 나도 흠칫 놀라 눈을 부라리고 버럭 개 짖는 소리를 내지르면서 흰 엉덩이를 치켜든 채 천방지축으로 종작없이 가뿐가뿐 날뛴다. 흰 엉덩이에 심장 모양의 무늬가 있으면 암컷이고, 콩팥 꼴이면 수컷이다. 수놈 한 마리는 암컷 2~3마리와 새끼를 거느리고 1년에 한 번 발정을 하며, 수명은 10여 년이라 한다.

고라니는 몸길이 75~100센티미터, 어깨 높이 45~55센티미터, 꼬리 길이 6~7.5센티미터, 몸무게 9~14킬로그램이고, 암수 모두 뿔이 없다. 대신 수컷 위턱에 송곳 모양으로 길게 난 송곳니(엄니)가 아래로 구부러져 있고, 8센티미터가 연거푸 자라며, 암컷의 송곳니는 0.5센티미터밖에 되지 않아 겉으로 드러나지 않는다. 엄니는 잇몸에 느슨하게 박혀 있어 먹이를 먹을 때는 안면근을 써서 뒤로 살짝 채칠 수 있으며, 경쟁자가 해치려고 나타나기만 하면 다급히 엄니를 바짝 세워 겁을 준다. 이렇게 맹랑하기에 vampire deer란 별명을 얻어 걸쳤다. 고라니는 겉으로 보면 진짜 사슴보다 되레 사향노루를 닮았으며, 중국과 한국이 원산지로, 중국 고라니 *Hydropotes inermis inermis*와 한국 고라니 *Hydropotes inermis argyropus* 두 아종으로 나뉜다. '외톨이 생활 동물'이지만 번식 시기에는 암놈을 차지하려고 수컷끼리 죽살이치는 싸움을 한다. 강가의 갈대밭이나 산의 풀숲, 농지나 늪지대의 열린 풀밭에서 지내며, 헤엄을 이를 데 없이 잘 치기에 water deer란 이름도 붙었다.

고라니와 노루를 어떻게 구분하는가. 아주 쉽게 말하면 고라니는 체중이 보통 15킬로그램 남짓인 데 반해서 노루는 큰 놈은 50킬로그램이나 된다. 또한 노루는 암컷에는 뿔이 없지만 수컷에는 뿔이 있고, 고라니는 뿔이 없는 대신 사향노루처럼 송곳니가 변한 엄니를 가진다. 묘하도다. 하늘은 두 가지를 다 주지 않는다. 이빨을 준 자에게는 뿔을 주지 않았다. 날개를 준 자에게는 발을 두 개만 주었다. 노루에게는 뿔만을 주고, 고라니에게는 엄니만 주었다!

+ 앞다리가 날개로 바뀐 박쥐

장장하일長長夏日이라더니 하루해가 길기만 하다. 긴긴 여름 낮의 열기가 수그러들기 시작하는 땅거미 질 무렵, 검은 물체가 난데없이 공중에서 후루룩 요란스럽게 펄럭거린다. 놀라 쳐다보니 거뭇거뭇 박쥐 놈들이 너울거리며 밤벌레 나방이 사냥을 나선 것이다. 섬뜩한 느낌에 털이 곤두서지만 네 놈들을 겁낼 내가 아니다. 귀를 쫑긋 세우니 "직직" 날카로운 소리를 흘리면서 눈의 초점을 둘 여지를 주지 않고 휙휙 앞다퉈 하늘을 쏘댄다. 좀 잠잠하다가는 스스럼없이 아슬아슬 손에 잡힐 듯 스쳐 지나간다. 그래, 오래간만이다. 지금껏 너희들 씨가 싹 다 마르지 않고 얼마간 소리 소문 없이 꿋꿋이 살아남았나 보다 생각하니, 아직도 살 만한 세상이라고 어깨를 우쭐한다. 박쥐여, 부디 이 땅에서 대대손손 늘 웅비雄飛하시라!

편복지역蝙蝠之役이란 다른 말로 '박쥐구실'인데, 제 이익을 노려 유리한 편에만 붙좇는 행동을 이르는 말이다. 박쥐는 낮에는 짐승 행세를 하고, 밤에는 새가 되어 하늘을 나는 유일한 포유류이다. 짐승들 앞에서는 날개를 접어 "나는 짐승"이라 하고, 새 무리 앞에서는 날개를 쫙 펴 "나는 새"라 하여 제 편의에 따라 이리 붙고 저리 붙고 하는 반복무상의 지조 없는 행세를 한다. 정말이지, '박쥐의 두 마음'을 가진 인간 망종들도 쌔고 쌨다. 희지도 검지도 않은 회색 인간들 말이다.

생물의 행태를 보는 생각이나 눈은 지역이나 민족에 따라 다르다. 박쥐는 중국어로 편복蝙蝠이다. 편복의 '蝠'과 행복을 의미하는 '福' 자의 발음이 흡사하여 중국인들은 박쥐를 상서로운 생물로 여겨 경사와 행운의 표징表徵으로 공경하여 받든다. 우리가 돼지를 재물을 상징하는 동물로 여기는 것과 하나 다르지 않다. 그놈들의 생태만큼이나 사람 생각도 천태만상이라 동양에서와는 달리 서양에서는 박쥐를 악의 상징이나 악마의 대명사로 생각한단다.

박쥐는 포유류 박쥐목에 들며, 북극과 남극을 제외하고 살지 않는 곳이 없고, 머리뼈와 이빨의 형태로 분류한다고 한다. 전 세계적으로 자그마치 1100여 종에 이르며, 포유류의 22퍼센트에 해당하니 그 종이 참 많다 하겠다. 우리나라에는 애기박쥐과에 26종이, 큰귀박쥐과에 1종이 서식한다. Kitti's hog-nosed bat라는 놈은 세상에서 가장 작은 박쥐로, 편 날개의 길이가 15센티미터이고, 몸무게는 2~2.6그램이다. 가장 큰 박쥐는 giant golden-crowned flying fox라는 놈으로, 편 양 날개의 길이가 무려 1.5미터에 체중이 1.1~1.2킬로그램이나 나간다. 작은 눈은 발달하지 않았지만 청맹과니는 아니라서 먼 길을 날 때는 자외선도 감지하며, 냄새에도 예민하다고 한다. 밤에 먹이 사냥을 하므로 새들과 다툼을 피할 수 있으며, 비 오는 날에는 음파 전달에 지장을 받기에 사냥을 하지 않는다.

앞서도 말했지만 박쥐는 공중을 훨훨 나는 유일한 포유류로, 앞다리의 발가락 사이에 얇은 비막飛膜이 있어 이를 날개로 삼는 괴이한 동물이다. 비막은 새의 날개보다 아주 얇아서 엄청나게 재빨리, 그리고 정확하게 다룰 수 있으며, 상처를 입어도 곧 재생한다. 또한 비막에는 도드라진 것이 많이 들러붙어 있는데, 이는 사람 손가락 끝에 있는 세포와 비슷한, 감촉에 예민한 감각수용체Merkel cells이다. 바람을 타고 잠깐 나는 날다람쥐와는 근본적으로 달라서 새처럼 날개를 저으며 훌훌 난다. 머리와 몸통이 유난히 쥐를 빼닮았고 날 수도 있으니 영판 새이다. 특히 앞다리의 발가락은 엄지발가락을 제외하고 발톱이 모두 숨어 있고, 뒷다리의 발가락은 발톱이 죄다 밖으로 튀어나와 있다. 하여 박쥐는 머리를 아래로 둔 채 동굴 벽에 그렇게 대롱대롱 매달릴 수 있는 것이다.

박쥐는 주로 동굴에 서식하지만 폐갱廢坑이나 폐가, 다리 틈새, 고목 속 등지에도 산다. 야행성 동물로, 약 70퍼센트가 벌레를 먹는 식충류이고, 하룻밤에 체중의 3분의 1에 달하는 곤충을 잡아먹는다. 나머지는 주로 과일을 먹으며, 개중에는 피를 빠는 흡혈박쥐도 있고, 육식하는 녀석들은 개구리, 도마뱀, 새, 물고기는 물론이고 다른 박쥐를 먹기도 한다. 특이하게도 혀의 길이와 몸길이를 비교했을 때 상대적으로 포유류 중에서 가장 긴 혀로 사막에서 꿀을 빠는 놈도 있는데, 녀석은 선인장의 꽃가루받이를 하거나 씨앗을 퍼뜨리는 데 큰 몫을 한다. 무인폭탄! 박쥐를 훈련시켜 깊은 동굴에 폭탄을 집어넣으려는 시도도 있었다고 하니, 사람의 꿈은 어찌 이리 동굴같이 깊단 말인가.

박쥐는 동면하는 동물을 대표한다. 평소 활동할 때는 체온이 36~41도이지만, 겨울잠에 빠지면 6도까지 떨어져 양분의 소비를 크게 줄이고, 날개로 둘러 품은 공기를 절연체 삼아 체온을 보존한다. 또한 다른 포유류들은 피의 역류를 막는 판막(날름막)이 정맥에 있으나 박쥐는 동맥에 있다 한다.

그리고 박쥐는 보통 한 해에 새끼 한 마리를 낳고 새끼는 날개의 막으로 감싸 보듬어서 젖을 먹이며 키운다. 태어났을 때는 날개가 너무 작아 날지 못하고 보통은 6~8주, 어떤 것은 4개월이 되어야 겨우 날며, 그때부터 먹이를 찾아 나선다. 수명은 약 20년이라 하고, 박쥐의 암수는 살이 찐 가을에 짝짓기를 한다. 박쥐는 '정자 저장형'으로, 난자와 정자가 곧바로 수정하지 않고 그대로 있다가 봄이 와서야 수정을 한다. 이것은 북극곰 등 힘든 월동을 하는 동물들의 공통된 특성으로 '지연 수정'이라 한다. 그리고 별반 다르지 않다 하겠지만, 난자와 정자가 수정이 되었더라도 자궁벽에 달라붙지 않고 수정란 상태로 머무는 '착상 지연'도 있다.

어쨌거나 봄이 와도 겨우내 굶고 곯은 몸이라 생식에 정신을 팔 수가 없으니 이렇게 미리 준비를 해둔다! 이런 오묘한 생리 현상에 초미의 관심을 두지만, 우리가 아는 것이 빙산의 일각이라 아직도 그 신비를 풀지 못한다. 그렇다. 외국으로 유학을 간 부부들이 오랫동안 임신이 되지 않아 애를 태우는 수가 더러 있다. 정신적으로, 또 물질적으로 넉넉하게 남음이 있을 때 수태受胎도 하는 것임을 한갓 만만하게 보이는 이들이 가르쳐주고 있지 않은가.

박쥐는 어두컴컴한 동굴에서 오래 생활한 탓에 눈이 퇴화했고, 대신 귀가 밝아졌다. 그런데도 휙휙 방향을 잘 바꾼다. 코에서 발사한 초음파로 장애물이나 먹잇감에 닿아 되돌아오는 소리의 메아리를 인식하기 때문이다. 이처럼 어두운 밤에도 먹이가 있는 장소를 곧바로 알아내는 것을 반향정위反響定位라 한다. 가끔은 제 소리가 아닌 곤충의 고유한 소리를 듣고 잡기도 한다. 놈들은 잠잘 때 외에는 잇따라 콧구멍에서 소리를 발사하니, 쉴 때는 보통 1초에 5회, 날아다닐 때는 20~30회를 이기죽거리며 주절거린다고 한다. 17가지 신호가 있는 소리의 메아리로 방해물과 위협 공격을 인식하고 상대방의 성까지도 구별하며, 멀게는 서울에서 부산을 다녀오는 거리와 맞먹는 800킬로미터를 하룻밤에 비행하는 수도 있다고 한다. 이 몹시 재미나는 진객珍客도 인간의 꼬락서니가 눈꼴시고 뻔뻔스럽고 다랍고 꼴같잖은 바람에 너 나 할 것 없이 서둘러 저승으로 떠나가고들 있단다.

흡혈박쥐는 이 세상에 단 3종이 있는데, 역시 멸종 위기에 처했다고 한다. 중앙아메리카에서 브라질, 칠레에 걸쳐 분포하며, 우리나라에는 없다. 귀가 뾰족하고, 이빨은 20개이며, 끌과 같은 위턱의 앞니(상절치上切齒) 2개와 위 송곳니 2개가 아주 크고 예리하여 먹잇감에 상처를 내기에 알맞다. 위는 퇴화하였고, 식도는 아주 가늘어 피 이외의 먹이는 취할 수 없다. 보통 말·당나귀·소의 피를 빨아 먹으며, 난데없이 사람을 습격하는 수도 있다지만 실제로 흡혈박쥐에 의한 상처는 통증이 심하지 않고, 손실된 혈액량도 그리 많지 않다고 한다. 동굴 바닥에 한가득 쌓여 있는 박쥐 똥 구아노guano를 걷어와 비료로 쓰기도 하는데 한때 이것으로 화약을 만들기도 했단다.

+ 앞가슴에 달이 뜬 반달가슴곰

사실 한 토막의 글을 쓰기 위해서는 전문 서적에서 속담 사전까지 "곰 가재 뒤지듯" 해야 하니, 누구 말처럼 글 쓰는 일은 '자기를 파먹는 일'이라 말 못할 어려움이 따를 때가 쌨다. 그래도 땡땡 언 얼음판에서 겨울나기 하는 북극곰이나 지리산 어느 골짜기에서 잔뜩 웅크리고 겨울잠을 자고 있을 반달가슴곰보다야 힘들지 않을 터.

곰은 우리뿐만 아니라 일본 원주민은 물론이고 서양인들도 신성한 동물로 여겨서 신화에까지도 자주 등장한다. 신화란 그 시대의 여러 자연현상과 사회현상을 원시적인 인생관과 세계관에 따라 설명한 것으로, 역사·과학·종교·문학적인 여러 요소를 담고 있다. 단군신화에 곰, 범, 마늘, 쑥이 등장하는 것도 그 시대의 여러 현상을 반영하는 것으로, 그때 그 시절에 곰이 많이 살았고, 당시 사람들은 녀석들이 어리석고 둔하면서도 참을성이 있다는 것을 알았으며, 마늘과 쑥이 사람 몸에 좋다는 것도 체험하고 있었으리라.

다음은 곰의 일반적인 특징이다. 곰은 육식목 곰과의 포유동물로 8종이 현존하며, 수컷이 암컷보다 좀 더 크다. 둥근 귀와 긴 코에, 굵고 짧은 다리와 구부릴 수 없는 발가락이 다섯이며, 사람처럼 발바닥을 땅에 붙이고 뚜벅뚜벅 걷는다. 제일 큰 것은 750킬로그램에 달하며, 부숭부숭한 털과 짧은 꼬리에 몸은 앙바틈하다. 8종 중에서 북극곰은 육식이고, 판다는 대나무만 먹는 초식성이며, 나머지 6종은 잡식성이다. 큰 덩치로 뒤뚱뒤뚱 걷지만 입에 단내가 나게 달리기도 하며, 나무도 타고 헤엄도 잘 친다. 사람처럼 앉기도 하고 서기도 하며, 길들이면 한 다리로 서서 뛰는 앙감질도 한다. 설핏 사나워 보이지만 천성이 수줍은 것이 경거망동하지 않으니, 특별한 경우가 아니면 고개를 꼬고 눈만 희번덕일 뿐 사람을 해코지하지 않는다.

주행성으로 단독생활하며, 사람이 사는 근처에서 빈둥거리고, 경고하거나 짝을 찾을 때 등 여러 상황에 따라 다른 소리를 지른다. 갓 태어난 새끼는 이빨과 털이 없고 눈은 감겨 있는 상태이며, 어미와 3년 가까이 함께 지낸다. 그리고 수컷이 새끼를 물어 죽이는 수가 있으니, 이는 다시 암놈이 발정하기를 꾀하는 행위이다. 호랑이만이 유일한 포식자로, 먹이 피라미드의 꼭대기를 차지한다. 중국, 베트남, 한국에만도 추잡한 인간들이 값비싼 웅담을 얻기 위해 어림잡아 1만 2000마리를 '곰 농장'에서 키우고 있을 것으로 추정되고 있다.

곰은 털색을 기준으로 백곰, 흑곰, 갈색곰으로 나뉘고, 그중 갈색곰 무리가 지능이 높아 학습이 잘된다. 하여 "재주는 곰이 부리고 돈은 되놈이 받는다"는 말이 생겨났다. 백곰은 흰 눈밭에 살기에 보호색으로 털이 희지만, 털 밑의 살갗은 검은색이라 햇볕을 모아 체온을 올린다.

아무튼 "복 없는 놈은 곰을 잡아도 웅담이 없다"고 하는데, 곰은 쓸개주머니(담낭) 탓에 죽어난다. 검은색의 살코기나 발바닥도 사람들이 눈독 들이는 대상이며, 털이 부숭부숭 난 껍데기는 무두질하여 방석으로 쓰니, 곰은 버릴 게 하나도 없다. 웅담은 곰의 담낭을 말린 것으로, 황갈색 혹은 흑갈색이며, 야물고 맛이 매우 쓰다. 담즙산은 담즙분비촉진제, 흥분제, 진경진통제에 쓴다. 곰의 발바닥은 아주 두꺼우며, '부드러운 족발에 향을 조금 가미한 맛'이 난다고 한다.

본론이다. 반달가슴곰*Selenarotos thibetanus ussuricus* 또는 반달곰이라 부르는 이 곰은 아시아 흑곰의 일종으로, 중국 북동부·러시아 연해주·한국에 서식하는 반달가슴곰*S.t.ussuricus*, 히말라야 지방에 서식하는 히말라야반달가슴곰*S.t.thibetanus*, 일본반달가슴곰*S.t.japonica* 세 아종이 있다. 반달곰은 모두 74개의 염색체를 가진다.

우리나라에 사는 반달가슴곰은 온몸에 번지르르 광택이 나는 검은색이며, 몸길이 약 1.9미터, 꼬리 길이는 거의 8센티미터이다. 무엇보다 앞가슴에 반달 모양(V자 형)의 잡티 하나 없는 뽀얀 띠무늬를 두르고 있다. 이 반달무늬는 개체변이가 많아서 아주 큰 것과 작은 것이 있으며, 드물게 이 무늬가 없는 개체도 있다 한다. 머리가 작은 편에 이마가 넓고, 앞다리는 뒷다리에 비해 튼튼하며, 활엽수가 수두룩한 1500미터 이상의 고산지대에서 서식한다. 입은 큰 편이고, 귀는 둥그스름한 것이 종鐘 모양이며 옆으로 삐죽 솟아났다. 허나 남획과 6·25전쟁 등으로 혼꾸멍 나 다 도망가고 드디어 절멸의 위기에 처했으니, 천연기념물 제 329호로 지정하여 보호하고 있다.

본래 주행성이지만 사람이 있는 곳에서는 야행성이다. 나무 위에 올라가 먹이를 찾고 적을 피하는 수상생활을 하기도 한다. 나뭇가지를 잘라 나무 위에 깔아놓고 지내니, 거의 일생의 반을 나무에서 지내기도 한다. 잡식성으로 도토리, 곡식, 풀, 과일, 씨앗, 2년생의 풋솔방울, 버섯은 물론, 곤충, 딱정벌레 유충, 가재, 흰개미, 벌, 꿀, 새알까지도 먹는다. 잡식하는 동물들은 하나같이 유난히 끈질긴 생명력을 갖는다.

생후 3년에 접어드는 6월 중순에서 8월 중순까지가 생식 시기이며, 200~240일 후에 보통 새끼 2마리를 낳는다. 새끼는 3일 후면 눈을 뜨고, 4일 후에는 걷기 시작한다. 교미를 하면 수정란을 몸속에 오랫동안 보관하고 있다가 동면에 들 무렵 자궁에 착상시켜 임신을 하고, 동면 중에 출산해 젖을 먹여 키운다고 한다. 양지바른 곳의 구새통이나 동굴, 땅굴에 월동 자리를 준비하는데, 11월에서 이듬해 3월 중순까지 추위와 씨름하면서 줄곧 풋잠을 자고, 굴에서는 전혀 나오지 않는다. 이렇게 월동 기간에는 아무것도 먹고 마시지 않을뿐더러 똥오줌도 누지 않는다.

지리산은 우리나라 국립공원 제1호로 그 넓이가 471제곱킬로미터이다. 1970년경에만 해도 거기에서 무려 160마리의 반달곰이 살고 있었을 것으로 추정된다. 1983년 이후 전국적으로 종적을 찾을 수 없었으나 2000년에 우연히 지리산에 야생하는 것을 발견하기에 이르렀고, 드디어 멸종 위기 종의 복원 사업이 시작되었다. 2004년에 우리나라 토종 반달곰과 유전인자가 같은 러시아산 6마리를 들여와 본격적으로 지리산에 방사하여 2012년에는 총 25마리가 되었다.

2012년 2월 13일자 기사에 따르면, 몸무게 600그램, 몸길이 25센티미터의 오달진 새끼 두 마리가 건강한 상태로 태어나 어미젖을 보채고 있다. 어미 곰이 조릿대를 이용해 만든 둥지 안에 새끼를 낳았으니, 이 어미 곰은 2007년 1월 서울대공원에서 북한 태생인 어미에게서 태어났고 2008년 5월 지리산에 방사했다고 한다. 또 2013년에 지리산에서 새로 태어난 10마리 중 1마리는 유전자 검사 결과 방사한 곰이 아닌 토종 반달곰의 새끼로 추정되어 토종 반달곰의 생존 가능성까지 높아졌다. 게다가 2016년에는 지리산에 방사한 반달가슴곰 2마리가 세쌍둥이를 출산하면서 44마리로 그 수가 훌쩍 늘었다.

그동안 우여곡절이 많아서 사람들과 맞부딪쳐 미움도 사고, 애먼 올무에 걸려 죽거나 다치는 사례도 있었다고 하는데, 이제는 부디 승승장구하여 강원도 설악산에도 산양은 물론이고 반달곰도 옛날 제자리를 찾았으면 한다.

북극곰은 얼음 벌판 위의 뻥 뚫린 구멍가에 겨우내 숨죽이고 쪼그리고 앉아 있다. 이 구멍은 바다표범이 숨쉬기 위해 만든 것으로, 여기서 먹잇감이 코빼기를 쏙 내밀면 북극곰은 버럭 넓적한 발로 냅다 내리쳐 잡는다. 이렇게 겨울에 에너지를 챙기고, 여투어 체중을 곱으로 늘려서 봄이 오면 짝짓기를 하므로, 북극곰과 반달곰은 출산 시기가 좀 다르다. 암놈 몸속의 수정란은 곧바로 자궁에 착상하여 발생하지 않고, 그대로 머물다가 먹을 것이 풍부한 가을이 되어서야 발생을 하니, 착상 지연이다. 얼음이 녹아버리는 늦봄에서 초가을까지는 먹이를 잡을 수 없어 쫄딱 굶어야 하기에, 새끼를 키울 육체적·정신적인 겨를이 없다. '미련한 곰'도 제 살길은 잘 찾는다.

+ 면양과 그들의 사촌인 산양, 그리고 염소

보통 양이나 염소나 그놈이 그놈이라 하겠지만, 생물학적으로 보면 둘은 꽤나 다른 동물이다. 물론 일면 한통속이라 소과에 들고 발굽이 둘이며 모두 반추동물反芻動物이다. 발굽 동물을 유제류라 하는데, 앞서 말했지만 양·염소·노루·사슴·소·들소·돼지처럼 뾰족한 발굽이 짝수인 것을 우제류, 말처럼 하나이거나 코뿔소같이 셋인 것을 기제류라 한다. 여기서 발굽이란 딱딱하고 두꺼운 각질인 발톱이 발가락 끝을 둘러싼 것으로 평생에 걸쳐 천천히 자라며, 발굽 동물은 아예 발톱 끝으로 발돋움 하여 걷고 뛴다. 사람들 중에도 시종 발톱을 디디고 서서 춤추는 이가 있지 않은가? 「백조의 호수」를 춤추는 무용수들은 이런 유제류를 닮았다 하겠다. 그렇지 않은가!?

반추동물은 모두 혹위, 벌집위, 겹주름위, 주름위로 나누어진 반추위(되새김위)를 가지며, 여기에서 먹은 풀을 분해한다. 그런데 풀의 주성분인 섬유소를 분해하는 효소는 소나 양, 염소나 사람 모두 가지고 있지 않다. 그리고 앞서 말한 토끼는 물론이고 말, 돼지같이 되새김위가 없는 동물들은 대신 커다란 막창자라 부르는 맹장이 발효 탱크 역할을 한다. 다시 말하면 초식동물은 반추위나 맹장 중 그 하나를 갖는다는 것인데, 거기에는 수많은 세균을 포함하는 여러 미생물이 어마어마하게 많이 살고 있어 이 공생 미생물들이 섬유소를 분해하는 효소를 분비한다. 다시 말해 공생 미생물이 셀룰로오스를 분해하는 효소인 셀룰라아제를 분비하여 셀로비오스라는 간단한 2당류로 분해하고, 잇따라 이 셀로비오스를 셀로비아제라는 효소로 잘라 단당류인 포도당으로 만든다. 이렇게 미생물들은 위나 맹장을 삶터로 삼고, 복잡한 다당류를 2당류와 단당류로 분해하면서 나오는 에너지나 포도당으로 살아간다. 그리고 남는 것은 숙주 동물이 이용하게 되는 것. 이 이상 더 좋은 공생 설명이 있을 수 없다.

양을 면양이라고도 하는데, 면양과 염소는 종이 다르기에 둘을 합방을 시켜도 좀처럼 새끼를 낳지 못한다. 같은 품종이라야 생식이 가능한 것으로, 일례로 개들은 그렇게 크기와 꼴이 달라도 동일한 종이기에 그들끼리는 모두 생식이 가능하며, 사람도 황인, 흑인, 백인 사이에 아이가 생기는 것은 같은 종(인종)인 탓이다. 아무튼 면양과 염소는 유전자가 꽤 다르다는 말이다.

면양은 영어로 sheep라 하고, 염소는 goat라 한다. 그런데 양과 염소의 차이점은 무엇인가. 염소의 꼬리는 짧고 위로 곤두서지만 양의 꼬리는 길면서 아래로 처지고, 염소는 수염이 몇 가닥 있으나 양은 없다. 또 염소는 윗입술이 단단하지만 양은 윗입술이 갈라졌다. 사람의 턱에 난 몇 가닥 안 되는 수염을 goatee라고 하는 까닭을 알았다. 그리고 염소는 염색체가 60개이지만 양은 54개이며, 염소는 뿔이 곧지만 양은 굽어 감겼다. 염소는 먹이를 먹을 때도 서로 거리를 두고 퍼져 있으나 양은 시끌벅적, 끈끈하게 뒤엉키는 잇단 군서본능群棲本能을 가져서 외딴 곳에 따로 떼어놓으면 걷잡을 수 없이 스트레스를 꽉꽉 받는다.

염소는 순 우리말로 '수염이 난 작은 소'라는 의미이지 않나 싶으며, 젖, 고기, 털, 살가죽을 쓰기 위해 키운 가장 오래된 가축 중의 하나이다. 그리고 기제목 소과의 우제류로, 암소는 젖꼭지가 4개이지만 암컷 염소는 2개이다. 털색은 전체적으로 검은 색 또는 흰색이고, 몸길이 120~160센티미터, 어깨 높이 70~100 센티미터, 몸무게는 25~95킬로그램 남짓이다. 세계적으로 아주 다양한 품종이 있으며, 크게 보아 젖을 짜는 유용종, 고기를 먹는 육용종, 수북이 난 털을 쓰는 모용종이 있다.

"애애~" 하고 울부짖는 것이 좀 방정스러워 보이지만 눈썰미가 밝아 주인도 척척 알아본다. 염소는 호기심이 많고 영리한 동물이며, 눈동자가 가로로 째졌다. 수컷은 암컷보다 좀 더 크고, 공격용과 방어용 무기로 뿔을 쓴다. 발정기의 수놈은 머리를 가열하게 대놓고 맞부딪치면서 뿔이 빠질 듯 싸우며, 흔히 "소가 웃는다"라고 하는데, 수소처럼 입을 벌리고 윗입술을 말아 올리는 행위를 한다. 앞다리에 오줌을 깔기고, 뿔 아래에 있는 분비샘에서 냄새를 풍겨 암컷을 흥분시킨다. 임신기간은 145~160일로 한 번에 1~2마리를 낳으며, 새끼를 낳자마자 태반을 냉큼 주워 먹으니, 영양분으로 중요할뿐더러 대번에 냄새를 맡고 달려드는 포식자를 막자는 것이다.

맙소사, 먼발치에서 언뜻 봐도 뾰족하고 높은 담장 위에서 마치 홀로 선 나무처럼 오도카니 서서 아슬아슬하게 목을 빼고 있는 염소 모습에 선뜻 가슴을 졸인다. 이처럼 연약한 초식동물이라 포식자의 접근을 막기 위해 험준한 절벽을 타고 다녔던 습성을 버리지 못한다.

염소는 암수 모두 몇 안 되는 짤막한 턱수염이 있는데, "처녀 수염 찾기보다 힘들다"고 하는 것은 거기에서 비롯된 말이다. 꼬리 밑부분의 아랫면에는 고약한 냄새를 분비하는 분비선이 있으며, 네 다리와 목은 무척 짧고, 코끝에 털이 있다. 뿔은 역시 단백질의 일종인 케라틴으로 구성되어 있고, 뿔의 단면은 삼각형이다. 몸털은 양털과 같이 부드러우나 매우 짧다. 나뭇잎, 풀잎, 신문지는 말할 것도 없이 담배까지도 닥치는 대로 걸쭉하게 마구 잘 먹어서 골초를 "염소 닮았다"고 한다. 유난히 소화력이 뛰어나 찰지고 새까만 똥이 반들반들하고 똥글똥글하며, 좀체 소화불량에 걸리지 않기에 "염소 물 똥 누는 것 봤나?"란 말이 있을 정도이다.

면양은 원래 야생종이었으나 애지중지 가축화하여 품종을 개량한 것이다. 완전한 초식성 동물로, 소과 우제류이며 역시 반추한다. 면양은 보통 체장 120~180센티미터, 어깨 높이 65~127센티미터이고, 꼬리 길이는 7~15센티미터로 작달막하다. 염소와 달리 꼬리에 분비선이 없고, 사타구니에 있는 서혜선, 발굽 사이에 있는 제간선, 눈 바로 아래에 있는 안하선에서 냄새를 물씬 풍겨 영역을 표시하거나 침입자를 막고, 성호르몬으로 짝을 꼬드긴다. 가느다란 코와 곧추선 귀를 가지고 있으며, 암수 모두 뿔이 있지만 암컷의 뿔은 좀 작다. 수명은 10~12년이며, 오래 사는 놈은 20년을 넘긴다.

애교스러운 양은 본디 겁쟁이로 매우 민감하고 민첩하며, 귀가 아주 밝고, 역시 수직 눈동자로 주변을 잘 살펴 시야가 270~320도인데 고개를 돌리지 않고도 뒤를 볼 수 있다. 여러 마리가 무리를 지으며, 무리 중에는 반드시 대장이 있어 시시때때로 일제히 한곳으로 거세게 몰아치기도 하고, 아주 공격적이라 먹이를 먹는 데도 닭처럼 순위가 매겨져 있다. 사람이나 동물이나 약한 것들은 다 그렇게 일사분란하게 떼를 지어 앞다퉈 목숨을 걸고 덤빈다. 털색은 흰색, 검은색, 갈색, 붉은색이 있다.

2008년 기준, 세계에서 가장 양을 많이 키우는 나라는 1억 3600만 마리를 키우는 중국이며, 다음이 7900만 마리를 키우는 호주이다. 전 세계적으로 무려 11억 마리 남짓 키우고 있는데, 양고기 소비가 가장 많은 곳은 중동 지역이고, 다음이 뉴질랜드, 호주라 한다.

산양Naemorhedus goral은 역시 소과 우제류이며, 풀이나 나무 줄기를 먹고, 또한 되새김을 하는 반추동물이다. 우리나라에서 서식하는 산양은 히말라야 원산의 산양과는 달리 안선顔腺이 없다. 히말라야고랄Himalayan goral은 회색, 흑갈색, 검붉은색의 털이 투깔스러우며, 수놈은 목에 짧은 갈기가 있고, 암수 모두 18

센티미터 긴 뿔이 뒤로 굽어 있다. 체장은 82~130센티미터, 어깨 높이 57~78센티미터, 체중 35~42킬로그램으로 몸집이 작다. 다리는 황갈색이며, 목에는 옅은 큰 점이 있고, 검은 줄 하나가 등줄기를 따라 나 있다. 임신 기간은 170~218일이며, 보통 한 마리를 낳는다. 이르면 7~8개월 후에 젖을 떼고, 3년 후에는 완전히 성숙하며, 수명은 14~15년이다. 그리고 4마리에서 12마리가 모여 살고, 늘 그랬듯이 늙은 수놈은 고스란히 무리에서 쫓겨나기 일쑤이다.

이른 아침결이나 저녁나절에 활동하니, 낮에는 으레 바위틈에서 무료하게 빈둥거리거나 달콤한 잠을 잔다. 행동이 기민하고, 달리는 속도가 빠르며, 주변의 색과 비슷하여 쉬쉬 몸 사리고 납작 엎드려 있으면 찾기 힘들다고 한다. "네팔 사람들 눈에는 한국에는 산이 없다. 그냥 언덕일 뿐"이라 한다지만, 지극히 옹골지고 노회老獪한 산양은 고도 1000~1400미터 정도의 아삼아삼한 산버랑의 기암괴석에서 한 발 한 발 실수 않게 일거수일투족을 조심조심한다. 휘청휘청 위험천만한 가파른 기암절벽을 아슬아슬 망설임 없이 타는 것에 이골이 났다. 생과 사를 가르는 절박한 순간을 보고 있노라면 손바닥에 땀이 나고 가슴이 철렁 내려앉는다. 적막감이 감도는 첩첩산중에 떼 지어 살며, 한겨울의 폭설에 먹을 것이 동나면 이를 피해 오들오들 떨면서 다소 야트막한 산림지대로 내려온다. 하지만 어림잡아 족히 100에이커 (0.40제곱킬로미터)나 되는 넓은 서식지를 가지며, 한번 선택한 지역에서 기를 쓰고 버티면서 평생 영지領地를 지킨다. 옛날 시골 사람들이 텃새처럼 태어난 곳에서 멀리 한번 가보지 못하고 쭉 거기서 맴돌다가 한살이를 마치는 것과 다르지 않구나! 한국과 중국 북동 지방, 우수리 강 등지에 분포하며, 우리나라는 설악산과 오대산 일대에 서식하고 있으나 어이없게도 멸종 직전에 놓여 일찌감치 천연기념물 제217호로 지정하여 돌보고 있다. 정녕 천연기념물처럼 희귀한 존재가 되고 말았다.

+ 우리 곁을 떠나간 늑대

늑대는 개, 승냥이, 너구리와 함께 같은 과에 속한다. 사람과 침팬지가 약 1~2퍼센트 차이밖에 나지 않는 것처럼 개와 늑대도 유전적으로 1.8퍼센트 차이밖에 나지 않아 상당히 비슷하며, 주로 암놈 늑대와 수놈 개 사이에서 잡종이 생긴다. 늑대의 다른 이름은 '이리'로, 본성을 속일 수 없으니 "이리가 양으로 될 수 없다"고 하고, "가재는 게 편"이라고 "이리가 짖으니 개가 꼬리 흔든다" 하며, 쓰레기차를 피하려다 똥차를 만난다고 "범을 피하니까 이리가 나온다"는 속담들이 있다. 늑대는 사람에게 길들여져서 사람과 가장 가까운 동물인 개가 되었고, 개는 사람이 개량하여 400여 품종이나 된다. 개끼리는 어느 것이든 교배하여 새끼를 낳으니, 품종이 다를 뿐 모두 다 같은 종이다.

원래 우리나라 늑대와 일본 늑대는 같은 조상이었는데, 2만 년 전에 일본과 아시아 대륙이 분리되어서 애석하게도 둘 다 멸종되고 말았다. 늑대는 몸길이 130센티미터, 어깨 높이 60~70센티미터, 몸무게 30~45킬로그램으로 여우보다 훨씬 크고, 천생 셰퍼드를 닮았다. 코는 뾰족하고, 머리는 넓적하며, 눈은 비스듬히 붙었고, 귀는 언제나 빳빳이 곧추섰다. 긴 털이 부숭부숭 난 꼬리는 발뒤꿈치까지 늘어졌는데, 무엇보다 꼬리를 항상 내리고 있는 것이 개와 다른 점이다. 얼굴 모습, 꼬리 방향, 털 세움, 몸의 자세 등으로 의사를 표시하니, 목 갈기와 등줄기의 털을 비쭉 세우고 윗입술을 감아올려 하얀 뻐드렁니를 드러낸 채 꼬리를 뒷다리 사이에 끼워 노려본다. 허나 그렇게 사나워 보이는 늑대도 일단 사람한테 잡히면 매우 온순해져 드러누워 고개를 쳐들고 꼬리를 살래살래 흔든다고 하니, 엉큼하고 간사하기가 여우 뺨칠 녀석이다.

어느 고요한 날 밤, 정적은 밤늦게 무참히 밟히고, 도무지 뒤숭숭하고 무서워 뒤척이며 밤을 꼬박 새운 기억이 아직도 선연하다. 동네 앞 들판에서 늑대 몇 마리가 밤새도록 "엉엉", "으르르" 개소리를 냈으니 혼겁을 먹을 수밖에. 도대체 저것들이 왜

저러느냐? 이른 아침에 달려 나가 언덕 위에서 발돋움하고 내려다보니, 저 멀찌감치 들판에 앙상한 뼈다귀 덩이가 드러누워 있는 게 아닌가. 늑대들이 긴 밤 내내 으르렁거리면서 내장과 살을 다 뜯어먹고 얼기설기 뼈만 남겨두었다. 고라니를 늑대 몇 놈이 집요하게 몰이하여 잡아 배를 채운 것이다. 놈들은 뒷산으로 올라가 며칠을 누워 잠을 잤겠지. 이렇도록 늑대가 주변에 득실댔건만 지금은 속절없이 울음소리는커녕 꼬락서니도 얼씬거리지 않는다.

텃세 부리기는 냄새 풍기기나 대소변 보기, 땅 파기, 울부짖기로 하는데, 먹이가 풍부하면 평균 35제곱킬로미터인 그 영역이 훨씬 작아진다. 철저한 계급사회 구조로, 자연에서 살 때보다 가두어 키웠을 경우에 더욱 심해지며, 여러 마리일 때가 핵가족일 때보다 다툼이 치열하다. 보통은 5~11마리가 떼를 지으며, 많으면 40여 마리가 함께 사는 수도 있다 한다. 일부일처제로, 한번 짝을 지으면 죽을 때까지 함께 지낸다. 물론 짝이 죽으면 곧 새 짝을 암컷이 찾는다.

늦은 겨울에 발정하며, 암수가 5~36분간 교잡하고, 62~75일 간 임신한다. 죽을 때까지 생산하며 1년에 한 번, 보통 5~6마리를 낳는다. 군서 생활을 하는 늑대는 새끼를 키울 때 친구들의 도움을 받는데, 젖 떨어지기 전에 어미가 죽었을 때는 다른 암놈이 젖을 먹인다고 한다. 이타적인 점은 본받을 만하다.

어쩌다가 우리 땅에 범, 여우, 늑대가 다 없어지고 말았을까? 제일 큰 원인은 6·25전쟁에서 찾아야 한다. 전쟁은 사람만 죽이고 다치게 하는 것이 아니고, 짐승까지도 곤욕을 치른다. 옛날 서양에서는 늑대들이 사람을 공격하는 일이 허다했다고 하며, 개를 포함한 다른 가축을 공격하는 탓에 마구잡이로 때려죽였고, 늑대 가죽을 스카프 등으로 쓰기 위해 남획한 것도 멸종을 불렀다. 어느 세월에 제자리로 돌려놓는단 말인가. 아쉽고 통탄할 한스러운 일이지만 이렇게 된 것을 어떡하겠는가. 지난 역사에서 연거푸 그런 일을 해서는 안 된다는 교훈을 얻을 것이다. 역사에서 배우고 느끼지 않으면 그런 궂은일을 반복하게 되는 법! 역사는 그래서 훌륭한 스승이다.

이보다 점잖은 주인이 있을까,
푸나무야

+ 나리 중의 나리, 참나리

옛날에는 주로 곳간과 장독대에다 먹을거리를 두었다. 곳집에는 벼나 보리, 감자와 고구마 등 마른 것을 넣어두었지만, 물기 있는 간장, 된장, 고추장 따위는 장독대 차지였다. 장독대란 무엇인가? 장독을 올려놓는 높직한 축대이다. 그럼 장독은 무엇인가? 간장이나 된장을 담가두는 항아리이다. 그때나 지금이나 간장과 된장은 없어서는 안 되는 반찬이 아닌가. 지금은 냉장고가 장독대 자리를 대신 차지하고 말았으니 냉장고와 김치냉장고가 장독대요, 김칫독이다! 그렇다! 변하지 않는 것이 없다 하지만 그 속도가 너무 빨라 현기증이 날 지경이다. 참, "곳간이 차야 예를 지킨다"고 했지. "금강산도 식후경"이라는 말이 맞고, "사

179

흙 굶어 도둑질 않는 사람 없다" 하지 않는가.

"꽃은 꽃보다 아름다운 마음으로 가꾸라"고 했다. 미치도록 사랑하고 넘치는 집착이 있어야 하는 것이 어디 꽃 키우기뿐일라고. 자식도, 제자도 아껴 키우고 애써 가르침에 피땀이 어린다. 참나리 하면 장독대가 언뜻 떠오르고, 그 장독대에서는 항상 내 어머니를 만난다. 뭐니 뭐니 해도 장독대는 하얀 옥양목 치마저고리 곱게 차려입으신 어머니께서 새벽 정화수를 떠놓고 자식들 잘되라고 두 손으로 싹싹 비셨던 명당 터이다. 지금도 그 소리가 들리는 듯하다! 정녕 저승에 가면 꿈에도 그리는 내 어머니를 만날 수 있을까? 제대로 효양 한번 못한 불효자식의 어이없는 풍수지탄인 줄 알지만……. 수욕정이풍부지樹欲靜而風不止하고, 자욕양이친부대子欲養而親不待라, 나무는 가만히 있고 싶으나 바람이 그치지 않고, 자식은 부모를 섬기고 싶으나 살아 계시지 않는구나.

한데 우리 집 장독대에는 유달리 참나리가 흐드러지게 피었었다. 참나리가 장독대 둘레를 동그랗게 둘러 울타리를 쳤으니 말이다. 늦은 봄 땅바닥에 열이 오르기 시작하면 굵직하고 통통한 대궁(줄기)이 땅 흙을 뚫고 다투어 치올라온다. 하루가 다르게 우후죽순처럼 죽죽 늘어나더니 줄기에 잎사귀를 달기 시작한다. 길이는 80~200센티미터로, 큰 놈은 내 키를 훨씬 웃돌며, 흐트러짐 없이 하늘을 찌를 듯 곧추서 있는 기품이 당당하고 고고하다.

잎은 '어긋나기'로 위로 치올라 갈수록 점점 작아지다가 드디어 잎 나기가 멈추면 줄기 끝자락에 꽃망울이 달리기 시작한다. 먼저 달린 것부터 차례대로 꽃을 터뜨리니 그 꽃이 눈부시게 화려하다. 게다가 참새만 한 호랑나비가 벌렁벌렁 날아드는 날에는 말 그대로 꽃과 나비가 어우러진 한 폭의 동양화가 된다. 꽃은 나비가 있어야, 또 나비는 꽃이 있어야 그들의 존재가 한결 돋보인다. '짝'이라는 것이다. 금실 좋게 한평생을 같이 살다 한 사람을 먼저 보내는 단현斷絃의 아픔을 그대들은 아는가? 머잖아 내가 당하든가, 아니면 우리 집 할망구가 당할 일인데……. "Memento mori", 죽음을 기억하라! 언젠가, 누구나 다 죽기는 죽는다. 단현이 짝을 잃는 일이라면 속현續絃은 거문고 줄을 잇는 것이니, 곧 재혼함을 의미한다. 환과고독鰥寡孤獨이란 말이 있다. 막상 당해보지 않으면 모르는 일로, 늙어서 아내 없는 사람, 젊어서 남편 잃은 사람, 어려서 어버이 없는 사람, 늙어서 자식 없는 사람을 아우르는 말이며, 외롭고 의지할 데 없는 처지를 이르는 말이다.

초여름에는 화사한 봄꽃들이 하루아침에 사라지고, 영롱한 자태를 뽐내는 나리꽃 계절이 온다. 꽃집에서 파는 나리(백합)는 개량한 품종이라 인공미가 배어 있는 데 반해 야생으로 자란 나리는 순수하고 소박한 맛을 풍긴다. 우리나라 산야에 살고 있는 나리 종류는 꽃이 피는 방향, 털의 분포 여부, 잎이 달리는 순서, 자생지自生地에 따라서 참나리, 말나리, 섬말나리, 솔나리, 큰솔나리, 중나리, 털중나리, 땅나리, 하늘말나리, 날개하늘나리 등 11종류로 구분한다. 이 중 최고 걸작은 역시 이름 그대로 참나리인데, 참나리 꽃은 관상용으로 쓰고, 인경(鱗莖, 비늘줄기)은 식용이나 약용으로 이용하기도 한다.

참나리Lilium lancifolium는 백합과에 속하는 단자엽單子葉의 여러해살이 풀이며, 속명 Lilium은 라틴어로 '흰색'을 뜻한다. 종소명 lancifolium의 lanci는 라틴어로 '창', folium은 '잎'이란 뜻이며, 줄기에 붙는 잎이 끝는 데를 째는 침인 '바소'를 닮았다 하여 피침형披針形이라는 뜻이다. 한동안 참나리의 학명을 L. tigrinum으로 사용했는데 이 둘은 동의어이다. 이때 tigrinum은 호랑이란 뜻이며, 꽃잎에 '호랑이 가죽 무늬 반점'이 있다는 것을 말해 준다. '호랑거미'란 이름도 배 쪽에 호랑이 가죽 무늬가 있기 때문이 아니던가. 그래서 서양 사람들은 참나리를 tiger lily라 부른다. 참고로 위키피디아Wikipedia에 보면 "Lilium lancifolium is a species of lily native to eastern China, Korea and Japan(참나리는 중국, 한국, 일본이 원산지인 종이다)"이라 쓰여 있다. 내가 글을 쓰는데 참 많은 도움을 주는 위키피디아!

꽃은 주로 6~7월에 피며 원줄기 끝에 4~20개가 밑을 향해 달린다. 나리꽃이 탐스럽게 많이 피면 그 해는 풍년이 든다고 한다. 그동안에 일조량이 좋았다는 것을 뜻하는 것이리라. 6개의 꽃잎은 팔랑개비처럼 뒤로 홱 휘말리고, 짙은 황적색 꽃 바탕에 호랑이 무늬의 진한 자색 점이 산포散布하며, 아주 긴 암술을 둘러싸고 있는 짧은 수술은 6개로 길게 뻗는다. 수술대 끝에는 달랑거리는 커다란 꽃밥이 달려 있으니, 그것을 꽃가루주머니, 화분낭, 약葯, 약포葯胞 등으로 부른다. 꽃밥을 따서 몰래 손에 숨겼다가 "너 여기 뭐 묻었다" 하면서 동무 얼굴에 슬쩍 문지르면 인디언 놀이가 따로 없다. 참고로 나리의 꽃가루에는 독이 있으니, 장난을 친 다음에는 반드시 비누로 손을 씻을 것이다. 나리꽃 대신 보리깜부기도 아주 좋은 분칠 감이다. 개구쟁이들은 늘 장난을 먹고 자란다는 말이 백번 맞다! 거참, 그 천진난만했던 아해가 이렇게 늙수그레한 풋노인이, 아니 상늙은이가 되다니!? 세월 무상이로다. 덧붙여, 참나리의 꽃말은 '순결'이라고 한다.

마늘이나 파처럼 줄기가 변한 지하경地下莖의 일종인 참나리의 인경은 지름 5~8센티미터로 둥그렇다. 거기에서 줄기가 나와 그것으로 겨울나기를 한다. 잎 아랫부분, 곧 잎겨드랑이는 줄기에 붙어 있고, 그곳에 짙은 갈색의 주아珠芽가 하나씩 달린다. 주아란 줄기가 변한 것으로 '염주 모양의 눈', '흑진주 같은 살눈'을 말하며, 이것이 떨어져 싹을 틔운다. 따라서 참나리는 종자나

인경을 통한 번식도 하지만 무성아無性芽인 주아로도 번식한다.

참나리는 '뫼나리', '알나리', '야백합'으로 불리기도 하며, 산에도 흔하게 자라므로 '산나리', 꽃잎에 진한 자색 점이 있어 '호랑나리', 붉은 꽃잎이 뒤로 말렸다 하여 '권단'이라 하기도 한다. 혼동하지 말자. "나리, 나리, 개나리, 입에 따다 물고요……"라는 노래는 당연히 이른 봄에 피는 개나리를 이른다.

그런데 참나리보다 조금 일찍 피는 원추리가 있다. 원추리도 같은 백합과 식물이라 보통 사람들은 참나리와 구별하지 못한다. 원추리는 잎이 땅바닥에서 서로 얼싸안고 있어서 참나리처럼 줄기에 잎이 달라붙지 않으며, 꽃자루가 길게 솟아올라와 거기에 꽃이 붙는다. 꽃은 역시 6장으로 셋은 위에, 다른 셋은 아래에 나누어 피며, 참나리가 고개를 숙인 꼴이라면 원추리는 고개를 치켜들고 하늘을 향한다. 참나리가 겸손하고 수줍다면 원추리는 거만하고 당당하다 하겠다. 식물까지도 성질머리가 이렇게 다르니…… 어쨌거나 호랑나비 하늘하늘 날아드니 참나리가 좋아 쌍긋빵긋거린다! 헌신짝도 제짝이 있다더니만 참나리와 범나비의 궁합이 더없이 어울린다! 찰떡궁합이로다!

+ 신갈나무 아래 도토리 데굴데굴

식물도감을 들추어보니, 우리나라에 자생하는 참나무과 나무는 밤나무속, 너도밤나무속, 참나무속, 모밀잣밤나무속 등 4속 26종이 있고, 이들은 대부분 온대나 아열대에 널리 분포한다고 쓰여 있다. 참나무 무리는 하나같이 잎이 넓고, 키가 큰 나무로 잎은 어긋나며, 꽃은 암꽃과 수꽃이 따로 피는 단성화에 암수한 그루이다. 씨는 거의가 떡잎(자엽子葉)이 차지하고, 배젖은 없다.

앞에서 참나무 무리는 온대와 아열대에 널리 분포한다고 하였다. 우리나라가 지구온난화에 따라 점점 아열대화된다고 걱정들을 하는데, 이는 온대 지역에 살기 알맞은 소나무는 점점 사라지고, 대신 참나무 무리가 우점종優占種이 되는 것을 우려하는 것이다. 실은 원래 참나무 무리가 이 땅의 주인이었지만, 예부터 소나무를 귀하게 여겨 잡목(참나무)을 골라 베어냈기 때문에 소나무 세상처럼 보였을 뿐이다.

잎이 좁은 소나무는 햇빛을 많이 받아야 사는 양수陽樹이고, 잎사귀가 넓은 참나무 무리는 빛을 적게 받아도 살 수 있는 음수陰樹라 둘이 햇빛 싸움을 하다가 결국에는 소나무가 참나무 무리에 치여 죽고 만다. 그런데 잎이 바늘 같은 침엽은 여러 개가 뭉쳐 나기에 그 표면적을 계산하면 되레 활엽수보다 그 넓이가 더 넓으니, 살짝 소낙비가 내린 다음에 보면 소나무 밑은 물 한 방울 떨어지지 않아 바짝 마른 상태인 데 비해 참나무 무리의 밑은 빗물로 흥건히 젖은 것을 볼 수 있다.

우리가 가장 자주 만나는 참나무 무리는 5종으로, 신갈나무, 떡갈나무, 졸참나무, 상수리나무, 굴참나무이다. 잎의 형태와 줄기를 보고 그것들을 구분해보자. 신갈나무와 떡갈나무, 졸참나무 셋은 잎이 다 닮았지만, 신갈나무와 떡갈나무는 잎자루가 없고, 졸참나무는 말 그대로 잎이 가장 작다. 그리고 떡갈나무는 잎이 가장 크고, 잎의 뒷면에 보드라운 털이 그득 나 있어 털이 없는 신갈나무와 구별된다. 그렇게 해서 셋을 나누고, 나머지 상수리나무와 굴참나무의 잎은 밤나무 잎을 닮았다. 이 둘 중에서 상수리나무는 잎이 밤나무와 영판 비슷하나 잎의 톱니 끝에 엽록체가 없고, 굴참나무는 원줄기의 겉껍질이 무척 두꺼운 코르크로 더덕더덕 덮이므로 서로 구별된다. 옛날에는 그 껍질을 벗겨서 너와집 지붕을 이었고, 지금은 병마개를 만드는 데 쓰인다.

그런데 참나무 무리는 남다르게 종간잡종이 흔하게 생긴다고 한다. 식물학자들이 양원잡종兩原雜種이라고도 말하는 것인데, '떡갈참나무'는 떡갈나무와 갈참나무의 잡종이요, '떡신갈나무'는 떡갈나무와 신갈나무의 잡종이다. 일부러 튼튼한 목재를 얻기 위해 이런 양원교배를 시키기도 한다.

그중 우리나라 토양에 가장 적합한 나무인 신갈나무는 중국, 몽골, 시베리아 등에 분포하며, 한국에서는 전국 산지에서 자라고, 높은 산에서는 순림을 형성한다. 순림純林은 단순림이라고도

상수리나무 굴참나무 신갈나무

떡갈나무 졸참나무 갈참나무

참나무속屬에 속하는 기본 수종의 비교

참나무류는 기본적으로 잎의 모양에 따라 크게 세 부류로 구분된다. 잎이 길고 가는 형태로
는 상수리나무와 굴참나무가 있으며, 잎이 크고 두툼한 무리로는 신갈나무와 떡갈나무가 있
다. 또한 중간 단계의 넓은 잎 모양을 가진 것으로는 졸참나무와 갈참나무가 있다. 굴참나무
는 잎의 뒷면이 흰색으로 상수리나무와 구별되고, 신갈나무는 잎이 두꺼운 떡갈나무에 비해
잎이 얇으며, 졸참나무는 갈참나무에 비해 잎이 작고 잎 뒷면에 털이 많다.(출처: 『신갈나무 투
쟁기』, 차윤정·전승훈 지음, 지성사)

하는데, 한 가지 수종으로 구성된 삼림을 말한다. 엄격한 의미에
서의 순림은 있을 수 없으니, 일반적으로 임목林의 90퍼센트
이상이 단일 수종으로 구성되어 있을 때는 순림이라 한다. 신갈
나무는 높이 30미터, 지름 1미터 정도에 이르는 아주 큰 나무로,

잎자루가 거의 없이 줄기에 바로 잎이 붙어 있는 것이 특징이다. 잎눈이 돋나 싶으면 이미 꽃눈이 벌려 있고, 꽃은 암꽃과 수꽃이 한 나무에 피는 자웅동주이다. 벌레 닮은 수꽃이삭은 새 가지 아래에 나서 밑으로 길게 드리워져 있으며, 암꽃이삭은 윗부분의 잎겨드랑이에 곧추서 있다.

　도토리는 누구나 알고 있듯이 참나무 무리의 열매를 가리킨다. 이 도토리는 참나무 무리마다 열리는 시기가 다르다. 상수리나무와 굴참나무는 도토리가 익는 데 2년이 걸리고, 나머지는 그 해 가을에 여문다. 바람이 꽃가루를 날려주는 풍매화인 상수리나무와 굴참나무는 암꽃과 수꽃이 따로 피고, 봄에 수분(가루받이)한 후 가을이 되면 도토리 모양을 다 갖추지 못한 어린눈 형태의 꼬마 열매를 맺는다. 이 열매는 가을, 겨울에 잎겨드랑이에 숨듯이 붙어 있는데, 아직 발달하지 않은 총포總苞에 완전히 둘러싸여 얼지 않고 월동을 한다. 다음 해 봄에 이 작은 도토리가 무럭무럭 자라고, 총포도 크게 변해 깍정이가 되면서 가을 도토리가 된다. 거참, 도토리 하나가 만들어지는 데 두 해나 걸리는 놈이 있구나! 총포, 즉 깍정이는 도토리를 받치고 있는 아래 받침을 말하는데, 인색하고 이기에 밝은, 얄밉고 약삭빠른 사람을 비유하기도 한다. 앞의 도토리의 깍정이와 뒤의 사람 깍정이는 어떤 연관이 있는 것일까?

다시 말하지만 우리나라는 신갈나무가 제일 잘 자라는 토질이요, 기후라고 한다. 신갈나무의 학명은 *Quercus mongolica*이다. 여기서 속명인 *Quercus*는 '좋은 목재'란 뜻이니, 곧 진짜나무, 참나무를 의미한다. 이 땅의 주인 나무는 다름 아닌 참나무 무리요, 그중에서도 신갈나무가 으뜸이다!

"산골짜기 다람쥐, 아기 다람쥐, 도토리 점심 가지고 소풍을 간다……" 산길을 가다 보면 손이 닿을 듯 가까이서 노려보던 다람쥐가 놀란 듯 달려가다가 멈추나 했더니만 어느새 재빨리 나무에 또르르 오르는 모습을 볼 수 있다. 요새 다람쥐는 사람을 통 무서워하지 않는다. 사람들이 돌멩이질을 하거나 겁을 주지 않아 그렇다. 내가 어릴 때 만도 야생동물을 보면 길바닥의 돌부터 두리번거리며 찾았으니, 배가 고파 잡아먹겠다는 본성의 발로가 아니었을까. 귀여운 것은 나중이고, 일단은 그랬다. 그러나 이제 다들 곳간이 차서 마음의 여유가 생기고, 먹을 것이 걱정 없게 된 탓으로 다람쥐나 비둘기를 다치게 하지 않기에 이르렀고, 쉼터의 다람쥐들은 사탕과 과자를 달라고 조를 정도가 됐다. 그놈들을 잡아서 외국에 팔아 외화벌이를 한 것이 엊그제 같은데…….

할 일이 없는 노인들의 하루는 무척 지루하고, 얼마나 힘이 드는지 모른다. "다람쥐 쳇바퀴 돌기"이다. 맨날 그 자리가 그 자리이다. 그런데 하루는 지루하게 길지만 일주일과 한 달은 눈 깜짝할 사이에 가버리고 만다. 같은 시간일지라도 '나이 분의 1'로 다르게 느껴진다고 하니 이상할 따름이다.

하여튼 다람쥐와 도토리가 우리와 얼마나 가까운 사이인가를 앞의 노래에서도 느낀다. 도토리 열매가 둥그스름한 것은 왜 그럴까? 물론 길쭉한 놈도 있다. 그러나 둘 다 잘 구른다. 그렇다. 언덕배기에 떨어지면 떼굴떼굴 굴러서 어미나무에서 멀어져 가 거기에서 살겠다는 심보이다. "거목巨木 밑에 잔솔 자라지 못한다"고, 어미나무 밑은 그림자가 지기에 싹이 트더라도 자라지 못한다는 것을 도토리도 이미 잘 안다.

그리고 도토리 열매는 반들반들 광택이 나 다람쥐 눈에 쉽게 띄며, 다람쥐는 이를 재빠르게 주어간다. 가을 밤밭에 가서 밤을 주워봤을 것이다. 막 떨어진 알밤을 보라! 물기 반드르르 젖어 반짝이는 그 밤색의 밤 말이다. 그놈들에게 저절로 손길이 간다. 다람쥐나 청설모 눈에도 그렇게 보일 것이다. 모든 열매는 자기를 최고로 돋보이게 하여서 동물들을 유인하는 것이다. 다람쥐는 좋아라 열매를 물어 날라다 겨울 먹이로 저장한다. 그런데 다람쥐들이 열매를 모아둔 굴을 잊어먹거나, 못 다 먹어 남기거나, 물어 나르다 떨어뜨리기를 바라고 있는 도토리의 마음을 여러분은 아는가?

가을 청설모도 잣을 물어다 땅 속에다 묻는다. 아무 데나, 아무렇게나 묻지 않고 일정한 간격으로 파묻어 그것을 나중에 파내서 먹는다. 청솔모가 잊어버리거나 다 먹지 못해 남긴 곳에서 잣나무 씨가 싹을 틔운다. 실제로 잣나무 숲에서 아주 먼 곳에서도 그렇게 싹이 터 자란 새끼 잣나무가 일부러 심은 듯 일정한 거리를 두고 자라고 있는 것을 흔하게 본다. 청설모가 잣을 따 물고 가면 잣나무는 그렇게 좋단다. 제 새끼(씨앗)가 먹혀도 좋단다. 그래서 씨앗을 넘치게 만들어두는 것이다. 생물들이 사는 목적에서 가장 중요한 것은 후손 남기기라는 것을 알고 생물계를 봐야 한다. 어쨌거나 주고받는 아름다운 세상, 멋있는 상생의 세계를 여기서도 본다.

그런데 다람쥐가 그 많은 도토리를 하나하나 물어 나른다면 얼마나 구차하고 힘들겠는가. 그래서 원숭이도 그렇지만, 볼에 난 '볼주머니'에다 여러 개를 한 번에 한가득 불룩하게 넣어 나르니, 편리하기 짝이 없다. 말레이시아를 갔을 적인데, 어느 사원 앞에서 여남은 명이 넘는 관광객이 너나없이 한 봉지씩 땅콩을 사들고 갔다. 원숭이들이 관광객이 준 땅콩을 다 받아먹어 볼이 불룩불룩한 것을 보고 배꼽을 쥐고 웃었던 기억이 난다.

여기서 잠깐 도토리묵 만드는 법을 알아본다. 익어 떨어진 메마른 가을 도토리의 껍데기를 까서 절구통에 넣어 빻은 다음, 그

것을 통째로 4~5일 물에 담가 떫은 타닌tannin을 우려낸다. 우러
난 갈색 윗물을 따라 버리고 밑에 가라앉은 침전물을 걷어서 큰
솥에다 넣고 넓적한 주걱으로 휘휘 저으며 푹 삶으니, 솥바닥에
눌어붙지 말라고 그렇게 팔이 아프도록 젓고 또 젓기를 한다.
물론 앙금을 말려서 도토리 가루로 만들어뒀다가 물에 풀고 끓
여서 묵을 만들기도 한다. 이윽고 도토리 녹말이 끈적끈적 엉기
면 이것을 틀에 붓고 다 식을 때까지 기다렸다가 알맞은 크기로
모양내서 자른다. 묵은 떫디떫으면서도 흐물흐물하고 미끄덩거
린다. 한데 묵을 담는 사발이 묵사발이 아닌가. 일이나 물건이
혼잡하거나 망그러진 상태를 "묵사발이 됐다"고 하는데……. 도
토리묵이나 달걀흰자도 잇몸에서 느끼는 감촉이 좋다. 매끈둥
한 것이 말이다. 혀도, 잇몸도 즐기는 음식이 도토리묵이다! 여
담이지만 유럽에서 도토리를 먹여 키운 돼지가 두 배로 비싸다
고 한다!

도토리묵은 그 주성분이 녹말이고, 다른 음식물이 가지고 있
지 않은 특수 영양소를 가지고 있다. 특히 떫은 맛이 많이 나니,
그것은 덜 익은 감이나 풋바나나에도 많다는 타닌으로 대장에서
수분 흡수를 돕는다. "우선 먹기는 곶감이 좋다"는 말은 곶감에
도 타닌이 많아 계속 먹으면 나중에 변이 딱딱하여 똥 누기가 어
려워질 수가 있지만, 곶감이 달아서 자꾸 먹힌다는 뜻이렷다.

참나무 무리의 열매를 '굴밤'이라고도 한다. 굴밤이 뭔가. 가위 바위 보를 하여 이긴 사람이 진 사람의 이마를 한 대 갈겨 거기에 생겨난 혹 아닌가. 한데 굴밤이 아직 익지 않았는데도 그것을 긴 작대로 나뭇가지를 내리쳐서 억지로 뜬다. 묵은 꼭 익은 도토리로만 쑤는 것이 아니고, 풋굴밤으로 한 것도 그 나름대로의 맛이 있는 모양이다. 여하튼 나무를 찾아가 도토리를 줍는 일도 그리 쉽지 않으니, 한참을 줍다 보면 허리가 빠진다는 말이다. 한 부대 주워서 지게에 짊어지고 내려온다. 양지바른 곳에 멍석을 펴놓고, 거기서 도토리를 오래 말려야 껍질 까기가 한결 쉽다.

밤은 밤송이에 완전히 둘러싸여 있지만, 도토리는 아래 일부만을 싸고 있다. 아무튼 밤나무와 참나무 무리는 서로 닮은 것이다. 다 아는 것처럼 도토리는 참나무 무리의 열매가 아닌가. 진짜 나무가 참나무요, 진짜 새가 참새고, 진짜 나물이 참나물이다. 그런데 그 참나무 무리에 열리는 도토리 모양은 왜 그리도 다 다른지. "도토리 키 재기"란 말은 고만고만하여 서로 차이가 나지 않는다는 말인데, 실은 도토리를 보면 큰 것, 작은 것, 가는 놈, 두툼한 놈 등 모양이나 크기가 많이 다르다. 분별력 있는 식물분류학자들은 도토리만 보고도 참나무의 이름을 댄다. 그 나무에 그 도토리다!

재언하지만 우리나라 땅에는 신갈나무가 가장 잘 자란다. 소나무는 다른 잡목을 자르지 않고 가만히 두면 신갈나무에 치어서 죽고야 만다. 그러므로 이 땅의 주인나무는 다름 아닌 참나무 무리인 것. 그래서 "음수림이 극상極相을 이룬다"고 한다. 극상이란 최종적으로 더 이상 변하지 않는 안정된 식물군락을 이루는 현상이다.

거참, 몇 번을 봐도
신기한 균류가 아니던가

+ 자연의 청소부요, 숲의 요정인 버섯

버섯을 영어로는 mushroom이라고 하는데, 균류인 '버섯'이란 뜻 말고도 '급속하게 발달한 것'이라거나 '버섯 모양의 여성용 밀짚모자' 또는 원자폭탄 실험을 했을 때 떠오르는 '버섯 모양의 구름' 같은 것을 의미하기도 한다. 그럴듯한 비유들이다!

다음은 버섯을 뜻하는 한자 이耳의 어원을 살펴보자. 바위에 붙어사는 석이石耳, 소나무 뿌리에 기생하는 송이松耳 등에서 보듯이 '이'는 버섯이다. '耳'는 상형문자로 목木과 이耳를 결합한 글자이다. 나무에 붙은 귀 모양의 것, 즉 버섯이 대부분 나무에 생기고, 그 모양이 귀를 닮았다고 본 것이다. 역시 버섯은 주로 고목에 생긴다는 것을 암시하고 있으니, 버섯의 생태를 잘 꿰뚫어

보았다! 나무를 썩히는 것은 버섯이기에 말이다!

버섯 하면 후텁지근한 여름, 비가 잦은 장마철을 떠올리게 된다. 습도가 높아야 버섯이 활발하게 성장한다는 말이다. 덥고 눅눅한 날을 즐기는 버섯! 필자가 매일 가는 산책 길의 가장자리 후진 곳에 어제 없던 버섯들이 밤새 떼 지어 군락을 이루었으니, 그것들이 길 가는 사람의 눈을 끈다. 모양도 가지가지요, 색깔도, 크기도 다 다르다. 가까이 다가가서 눈여겨 살펴보면 아연, 그 매력에 끌려 홀리기 마련이다. 아, 어쩌면 저 예쁜 버섯이 저렇게도 수많이 난단 말인가! 크고 작은 것들이 현란한 색에 올망졸망 흩뿌려져 있는 것을 보면 '숲의 요정'이란 말이 절로 떠오른다. 버섯에 홀딱 반해 일생을 보내는 미친 학자도 더러 있으니, 그 덕에 버섯을 좀 안다. 정말로 다행한 일이다. 불광불급不狂
不及인 것! 그런 외로운 이들이 있었기에 버섯의 세계를 논하고, 거기에 숨어 있는 비밀을 논할 수가 있는 것이다. 감히 말하지만 행복은 오직 어느 하나에 미쳐 즐기는 것.

어쨌거나 버섯은 동물은 물론 아니고, 그렇다고 식물도 아니다. 버섯은 특이한 역할을 하면서 나름대로 고유한 세계와 제자리를 누리고 있다. 생물계를 커다랗게 뭉뚱그려 모아 금을 그어 보면 동물, 식물, 균류, 세균(박테리아), 원생생물로 다섯 그룹이 되겠는데, 의당 버섯은 균류에 속한다. 곰팡이류, 즉 균류가 바로 버섯이다. 무엇보다 실처럼 가늘고 긴 '균사'라고 하는 것이 모여서 버섯의 몸이 된 것이 가장 큰 특징이다. 버섯은 스스로 양분을 만들지 못한다는 점에서는 동물과 같고, 움직일 수 없다는 점에서는 식물을 닮았다. 그러나 이것도 아니요, 저것도 아닌 오직 고유한 버섯일 뿐이다.

버섯은 당연히 꽃을 피우지 않는다. 대신 포자로 번식한다. 포자가 싹 터서 균사를 낸 다음에 그 균사들끼리 서로 접합을 하고, 접합한 균사들이 번식을 하여 균사 덩어리를 만들어 흙을 뚫고 올라온다. 그것이 바로 버섯, 즉 자실체字實體요, 자실체란 포자가 열리는 곳을 뜻한다. 그런데 버섯이 짝짓기를 해? 그렇다. 균사 둘이 합쳐져서 하나가 되고, 이 균사가 번식을 하기 위해 죽은 나무나 풀을 분해하여 거기에서 양분을 얻는다. 그것이 부패인 것이다.

버섯의 생김새는 모두 다르지만, 일반적으로 제일 위에는 삿갓 모양의 균모가 있고, 그 아래에 자루(대), 또 그 아래에 대주머니가 있으며, 갓 아래에는 부챗살 닮은 주름살이 수없이 쪼개져 있으니 그 속에 포자를 만들어 담는다. 갓이 둥그스름한 것은 흙을 밀고 올라올 때 흙의 저항을 줄일 수가 있어서 그런 것이다. 쉽게 쑥! 밀고 올라오기 위해 그런 꼴을 하게 되었다니, 오묘한 섭리라 하지 않을 수 없다. 게다가 올라올 때는 갓을 오그리고 있지만 올라와서는 좍 펴지 않는가!

버섯의 꼴도 무척이나 다양하다. 싸리, 빗자루, 국수, 방망이, 말뚝, 접시, 술잔, 망태, 새 발, 게 발, 귀 모양 등 종마다 제 특유의 모양을 가지고 있다. 이런 겉모양뿐만 아니라 그것들이 만드는 홀씨도 같은 것이 없다. 하여 주로 포자의 크기나 모양, 버섯의 겉모양으로 버섯 종을 분류한다. 모든 버섯은 갓이 우산같이 넓게 펴지기 시작하면 홀씨가 익었다는 신호로, 주름 속의 홀씨들이 어미를 떠날 준비를 한다. 이처럼 늙으면 너 나 할 것 없이 값 덜 나가는 갓 펴진 송이 꼴이요, 더 나아갈 길이 없는 막장 신세가 된다.

그러면 이 버섯들은 얼마나 오래 사는 것일까. 말해서 수명이 얼마나 될까. 물론 버섯에 따라서 다 다르겠지만 평균 3~5일에 지나지 않으며, 정원에서 자주 보는 먹물버섯처럼 겨우 몇 시간의 한살이를 사는 놈도 쌔고 쌨다. 비가 온다거나 그늘지고 축축한 날에는 좀 오래가지만, 갑자기 햇볕이 쨍쨍거리는 날에는 순식간에 말라비틀어져 버리고 만다. 그런가 하면 나무를 썩게 하는 버섯 종은 그 나무가 문드러질 때까지 몇 년이고 죽지 않고 버틴다고 한다. 그리고 금년에 버섯이 있었던 자리에는 내년에도 반드시 그 버섯이 나며, 이는 버섯이 거기에다 포자를 떨어뜨려놨기에 그렇다. 그래서 "송이 나는 자리는 자식에게도 알려주지 않는다"고 한다. 나는 자리가 정해져 있다는 말이다.

과연 버섯의 자실체 하나가 얼마나 많은 홀씨를 만들까. 싸리버섯류에 속하는 큰국수버섯은 무려 700억 개를 만든다고 하는데, 세상에! 그 홀씨를 일일이 헤아리는 사람도 있다!? 손으로 큰국수버섯의 갓을 건드리면 연기처럼 푹! 푹! 솟아 흩날린다. 그 연기는 '포자 구름'인 것. 게다가 버섯이 삿갓을 올망졸망 땅바닥 위에다 올려놓는 뜻은 아마도 사람이나 동물이 지나가면서 툭툭 차주길 바라서일 것이다. 하여 가능한 멀리멀리 자손을 분산시키고 싶어 한다.

그렇다면 버섯의 성장 속도는? 흙 밑에서 균사들이 덩어리를 짓고 있을 때는 우리 눈으로 볼 수 없다. 그러나 때가 되면 흙을 둘러쓴 머리를 밀고 나온다. 이것을 유균幼菌이라 하는데, 망태버섯 같은 것은 겨우 서너 시간 만에 다 자라버린다고 한다. 우후죽순, 비 온 뒤에 죽순 크듯 한다는 것이니, 버섯 또한 다르지 않구나. 우후버섯!

버섯은 어떻게 포자를 넓게 사방으로, 또 멀리 퍼뜨릴까. 크게 보아서 바람, 물, 동물을 통해 삶터를 넓혀 나간다. 센 바람에 홀씨를 날리면 저 멀리 보낼 수가 있으니 영역 확장에는 최고다. 흐르는 물이나 튀는 물방울에 묻어 어미가 있는 자리에서 멀어져가기도 한다. 또 동물 중에서도 곤충, 예로 파리가 매개가 되기도 한다. 파리는 버섯이 분비하는 끈적끈적한 단물을 빨아 먹고, 날개나 다리에 포자를 묻혀 퍼뜨려준다고 하니, '주고받기', 즉 공생을 철저히 하고 있다. 쉽게 얻은 것은 쉽게 가버리고 마는 것.

'동충하초冬蟲夏草'라는 유별난 버섯이 있다. 기기묘묘한 삶을 터득한 꾀보 버섯들의 지혜로움에 혀가 내둘린다. 버섯이 벌레를 먹는다니 말이다! 아니, 여름에는 풀(하초)인데 겨울에는 벌레(동충)가 된다? 벌레의 겉껍질은 키틴질이 있어 아주 딱딱하지만, 여기에 동충하초 버섯의 포자가 떨어지면 그것이 분해 효소를 분비하여 껍질을 녹여 파고들고, 안에서 균사를 뻗어내어 곤충의 살을 죄다 먹어치운다. 이렇게 죽은 벌레는 겨울에는 겉은 멀쩡하게 곤충으로 보이지만, 다음 해에는 껍질을 뚫고 풀 모양의 버섯 대가 솟아난다. 그런데 다 그렇듯이 곤충과 버섯의 짝이 열쇠와 자물쇠처럼 정해져 있어서, 매미에서 생기는 것과 벌에서 생기는 버섯이 다르다. 요새는 누에 등의 곤충에 일부러 홀씨를 묻혀서 단백질을 먹은 버섯을 키우니, 버섯도 키워 먹는 세상이 된 것이다! 동충하초는 여러 병에 좋다 하여 인기몰이를 하는 버섯 중의 하나이다.

그런데 세균이 동물의 배설물이나 시체를 치우는 데 관여하지만, 버섯은 주로 죽은 나무나 풀을 썩정이로 만든다. 세균에

비하면 양반이라 해두자. 마당가에 쌓아둔 두엄 더미를 녹여내거나 고목으로 쓰러진 나무 둥치를 먹는 것이 버섯으로, 버섯 없이는 들과 산을 청소할 수가 없다. 하여 버섯은 분해자요, 분해자는 청소부이기 때문에 버섯을 '숲의 청소부'라고 하는 것. 아무튼 "숲은 나무 한 그루로 되는 것이 아니다"라고 하듯이 많은 것들이 복잡다단하게 얽히고설키어 생태계가 제 모습을 갖춘다.

버섯은 온도나 습도는 물론이고, 토양 성분 등의 환경요인에 지대한 영향을 받는다. 또한 버섯은 남한에서 약 1550여 종, 북한에서 400여 종이 채집, 기록되고 있으니, 한반도에 사는 버섯은 어림잡아 2000여 종이 된다고 추정해도 큰 잘못은 없을 것이다. 야생하는 버섯 중에서 30~40퍼센트가 식용이 가능한데도 독성에 대한 생각이 하도 강하게 각인되어 있어 버섯만 보면 모두가 겁먹고 눈길도 피한다.

아무튼 버섯은 식용이나 약용으로 많이 쓰이니, 버섯을 빼고 우리의 삶을 논하지 못한다. 버섯은 다른 생물이 갖지 못한 특유한 영양 성분을 갖고 있어 당당하게 음식으로 대접을 받는다. 금보다 비싼 송이야 논외로 치고, 그래도 식탁에 자주 오르는 느타리, 목이, 양송이, 싸리버섯, 표고, 팽이버섯, 능이 등이 우리의 건강을 지켜주며, 거의 다 버섯밭에서 키울 수 있으니 좋다. 이 버섯들은 모두 야생의 것을 가져다 키운 것임을 알자. 서양이나 동양이나 버섯에 대한 관심이 다르지 않다. 그래서 고대 그리스와 로마인들은 버섯을 '신의 식품'이라고 극찬하였다고 하며, 중국인들은 불로장수의 영약靈藥으로 여겨왔다고 한다.

식용은 그렇다 치고, 약용 버섯도 꽤나 다양하다. 영지버섯만 해도 우리 집 뒤 언덕 산에서 해마다 몇 개씩 건지는 것이지만, 옛날부터 길조吉兆의 상징으로, 또 영약으로 취급받아서 신초, 선초, 불로초라 불려왔다. 진시황이 술사 노생盧生을 시켜 불로불사의 약을 찾게 하였으니, 멀리 우리나라와 일본까지 가서 구했다는 것이 이 영지버섯이었다는 설이 있을 정도이다. 게다가 불로장생의 상징물인 십장생에도 끼었으니, 사슴, 학, 거북, 소나무, 대나무, 바위, 물, 구름, 태양과 함께 영지가 들어간다.

버섯은 단지 먹는 것으로 끝나지 않는다. 로마 시대의 유물에 버섯 닮은 장식품이나 가구, 그림이 많이 있다. 그만큼 버섯과 사람이 가까이 지냈다는 증거이다. 그리고 멕시코에서도 기원전 5세기 이전의 유적에서 아주 큰 버섯 모양의 조각품이 출토되었는데, 아마도 종교 의식과 관련이 있는 것으로 보인다. 그리고 남미의 마야 문명의 유물 중에 '버섯 돌'이라는 것이 유명하다. 버섯 모양의 석상 100여 개가 과테말라에서 발견되었는데, 이 버섯 돌의 높이는 25~30센티미터 정도로 사람 얼굴 모양은 물론이고 원숭이 등 여러 동물의 얼굴 모습을 조각해놓았다. 그리고 고대 인도에서는 환각성 버섯을 먹고 성전 앞에서 기도를 하고 영감을 주는 찬가를 부르기도 했다고 한다.

한편, 광대버섯, 알광대버섯, 독깔대기버섯, 미치광이버섯, 호경버섯 등 독버섯은 빛깔이 곱고 모양도 예쁘다. 예쁜 버섯에 독이 있더라! 달콤한 말 속에 속임수가 들었을 수가 있으매……. 하여튼 독버섯이 가지고 있는 독은 버섯에 따라 다르다. 일반적으로 버섯이 갖는 독성분은 무스카린muscarine과 무시몰muscimol로, 이것들은 사람에게도 아주 치명적이며, 신경계는 물론이고 간이나 콩팥을 완전히 망가뜨려 놓는다. 어디 버섯에만 독이 있는가? 풀에도 수많은 독초가 있다. 우리가 먹는 버섯이나 풀은 그중에서 가장 독이 적은 것을 골라서 먹는 것이다. 고사리나 토란 같은 것도 꽤 많은 독이 들었기에 삶아서 물에다 우려서 먹지 않던가.

그런데 독버섯도 상관 않고 잘도 뜯어먹는 동물이 있다. 독버섯을 제 먹을거리로 삼는 동물 말이다. 버섯을 키우는 사람들이 가장 미워하는 동물이 바로 민달팽이 무리이다. 그중에서도 대표적인 것이 산민달팽이로, 비 오는 날 산에 오르면 어른 중지보다 굵고 긴 놈이 땅바닥에서 불불 기어가는 것을 볼 수 있다. 이놈이 닥치는 대로 버섯을 먹어치우는 녀석이다. 이놈들에게는 앞에서 말한 독성분이 문제가 되지 않는다. 독성분을 분해하는 물질을 제 몸에 가지고 있다는 것이다. 나에게 독이 되는 것이 너에게는 밥이 되는구나!

반딧불이같이 빛을 내는 버섯도 있으니, 화경버섯과 받침애주름버섯이다. 아마도 옛날에는 이 불빛을 귀신불로 보고 기절을 했으리라. 물론 공동묘지 귀퉁이에서 튀어나온 뼈다귀가 내뿜는 인광에도 혼쭐났을 테지만. 화경버섯은 밤에 달빛을 낸다고 하여 '달버섯'이라고 한다는데, 버섯 이름에서도 빛을 낸다는 느낌이 풍긴다. 버섯에 따라서 푸른색, 누른색 등 빛깔도 아주 다양하며, 특히 열대지방의 것들은 더욱 센 빛을 낸다고 한다. 그리고 화경버섯은 옛날에 죄인에게 내리는 사약이었다는 말이 있다. 보나마나 피를 토하고 심한 고통을 당하면서 죽어갔을 것인데, 최근에는 이 버섯에서 항암 물질을 추출한다고 한다. 언제나, 어느 물질이나 다 양날의 칼 같아서 약이 되기도 하고 독이 되기도 한다.

권오길

　오묘한 생물체계를 체계적으로 안내하며 일반인들에게 대중과학의 친절한 전파자로 신문과 방송에서 활약하고 있는 저자는 경남 산청에서 태어나 진주고교, 서울대 생물학과와 같은 대학원을 졸업했다. 이후 수도여고·경기고교·서울사대부고 교사를 거쳐 강원대학교 생물학과 교수로 재직했으며, 현재 강원대학교 명예교수로 있다. 1994년부터 〈강원일보〉에 '생물이야기'를 비롯해 2009년부터 〈교수신문〉에, 2011년부터 〈월간중앙〉에 칼럼을 연재하고 있다.

　청소년을 비롯해 일반인이 읽을 수 있는 생물 에세이를 주로 집필했으며, 글의 일부가 중학교 2학년 국어 교과서('사람과 소나무')와 초등학교 4학년 국어 교과서('지지배배 제비의 노래')가 실리기도 했다.

　지은 책으로는 1994년 『꿈꾸는 달팽이』를 시작으로 『인체기행』『생물의 죽살이』『개눈과 틀니』『손에 잡히는 과학교과서 동물』『흙에도 뭇 생명이』『괴짜 생물이야기』『생명교향곡』'우리말에 깃든 생물이야기' 시리즈 등 40여 권이 있다. 2000년 강원도문화상(학술상), 2002년 한국간행물윤리위원회 저작상, 2003년 대한민국과학문화상, 2016년 동곡상(교육학술 부문) 등을 수상했다.

>>> 권오길 교수의 생물 에세이

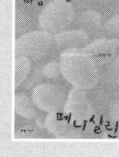

달과 팽이
국판변형 | 240쪽 | 12,000원

바다를 건너는 달팽이
국판변형 | 240쪽 | 12,000원

한국과학문화재단 추천도서 | 경영자독
서모임(MAS) 선정도서

바람에 실려 온 페니실린
국판변형 | 272쪽 | 12,000원

책따세(책으로 따뜻한 세상을 만드는 교사
들) 추천도서

생물의 다살이
국판변형 | 256쪽 | 12,000원

한국과학문화재단 추천도서 | 한국간행
물윤리위원회 추천도서

열목어 눈에는 열이 없다
국판변형 | 248쪽 | 12,000원

한국간행물윤리위원회 청소년 권장도서

생물의 죽살이
국판변형 | 256쪽 | 12,000원

한국과학문화재단 추천도서

생물의 애옥살이
국판변형 | 272쪽 | 12,000원

한국간행물윤리위원회 청소년 권장도서
| 환경부 우수환경도서

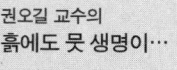

꿈꾸는 달팽이
국판변형 | 280쪽 | 12,000원

한국간행물윤리위원회 저작상 | 한국독
서능력 검정시험 대상도서 | 전국독서새
물결모임 선정 추천도서

하늘을 나는 달팽이
국판변형 | 304쪽 | 12,000원

한국출판인회의 선정도서

권오길 교수의
흙에도 뭇 생명이…
국판변형 | 224쪽 | 13,000원

환경부 우수환경도서 | 문화체육관광부
우수교양도서

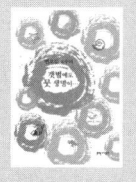
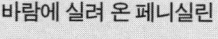
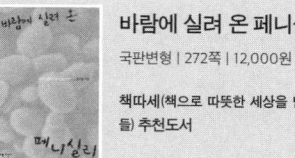

권오길 교수의
산들에도 뭇 생명이…
국판변형 | 304쪽 | 16,000원

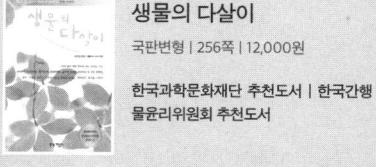

권오길 교수의
강에도 뭇 생명이…
국판변형 | 272쪽 | 14,000원

우수교양도서

권오길 교수의
산들에도 뭇 생명이…

초판 1쇄 발행일 2017년 3월 24일

지은이 권오길
펴낸이 이원중

펴낸곳 지성사 출판등록일 1993년 12월 9일 등록번호 제10-916호
주소 (03408) 서울시 은평구 진흥로1길 4(역촌동 42-13) 2층
전화 (02) 335-5494 팩스 (02) 335-5496
홈페이지 지성사. 한국 | www. jisungsa. co. kr 이메일 jisungsa@hanmail. net

ISBN 978-89-7889-330-5 (03470)

이 도서의 국립중앙도서관 출판예정도서목록(CIP)은 서지정보유통지원시스템 홈페이지
(http://seoji. nl. go. kr)와 국가자료공동목록시스템(http://www. nl. go. kr/kolisnet)에서
이용하실 수 있습니다. (CIP제어번호: CIP2017006196)